: 100 Years War on Cancer

암과의
전쟁
100년

암과의 전쟁 100년

초판 1쇄 인쇄 2021년 12월 23일
초판 1쇄 발행 2021년 12월 23일

지은이 김수열
발행인 김수열
발행처 On Book ㈜옵스웨이
출판등록 2007년 10월 4일 제2011-000094호
주소 서울 금천구 가산디지털1로 145 에이스하이엔드타워3차
전화 02-2624-0800
팩스 02-2624-0803
전자우편 onprint01@onprint.co.kr
홈페이지 www.onprint.co.kr

ISBN 979-11-88477-20-3

이 도서의 국립중앙도서관 출판예정도서목록(CIP)은 서지정보유통지원시스템 홈페이지(http://seoji.nl.go.kr)와
국가자료공동목록시스템(http://www.nl.go.kr/kolisnet)에서 이용하실 수 있습니다.

: 100 Years War on Cancer

암과의
전쟁
100년

김수열 지음

인류의 운명을 건 암과의 싸움에서
우리는 과연 승리할 수 있을까?

On Book

이 책은 앞으로 어떤 길을 가야 할지
고민하기 위해 쓰인 책이다

지난 100여 년간 인간의 평균 수명은 급격하게 증가하였지만, 지금 우리에게는 암과 퇴행성 뇌 질환, 그리고 심혈관 질환이라는 중요한 과제가 남아 있다. 다행히도 심혈관 질환은 다양한 치료법의 발달로 말미암아 주기적인 건강 검진과 의료기관 접근성만 보장된다면 그리 큰 문제가 아니다. 퇴행성 뇌 질환의 경우 이미 손상된 뇌를 되돌리는 것은 현재로서는 거의 불가능하고, 가장 중요한 치료 목표는 병의 진행을 줄이는 것이다. 결국 암은 약물을 통해 인류가 도전해야 할 가장 중요한 과제이다. 그런 점에서 이 책 ≪암과의 전쟁 100년≫은 우리가 암에 대해 우리가 무엇을 알고, 무엇을 모르는지 알려주고 있다.

내가 이 분야에 발을 들여놓은 후 지난 25년간 벌어진 일을 생각하면 정신이 아득해진다. 처음 이 연구를 시작했을 때 거의 모든 암 연구자들은 암 유전자와 암 억제 유전자를 파고들고 있었다. 그리고 이 연구들은 세포 신호 전달이라는 분야로 빠르게 확장해 갔다. 20세기 들어 급격히 발전하는 유전자 분석 기술은 이 책에도 기술된 유전체학을 탄생시켰다.

내가 학교를 다니던 40여 년 전에는 '자신의 세포에서 기원한 암세포에 대한 면역 반응이 있는지'에 대한 논쟁이 있었지만, 이제는 면역 항암제와 염증이라는 연구 분야가 당연한 세상이 되었다. 내가 꼰대 소리를 들을 망정 지난 얘기를 하는 것은 앞으로 닥칠 미래의 변화는 지금으로서는 상상도 할 수 없는 것임을 강조하고 싶기 때문이다.

지난달 김수열 박사의 《암과의 전쟁 100년》의 초고를 받고 암 연구자로서 부끄러움을 느낄 수밖에 없었다. 많은 연구자가 항암제를 개발하고 있지만 정작 대부분의 연구자들은 지난 100여 년간 우리 선배들이 어떤 길을 걸어왔는지 거의 모르거나 단편적인 지식만 알고 있었기 때문이다. 이 책은 지난 100년간 우리 선배들이 걸어온 길을 단순히 나열만 하는 게 아니라, 앞으로 어떤 길을 가야 할지 고민하기 위해 쓰인 책이다.

아이러니하게도 지금 우리가 가장 많이 사용하는 항암제 개발과 상식처럼 알고 있는 암 유전자 연구는 베트남전에 많은 신세를 지고 있다. 1960년대 징병제를 피하고자 하던 우수한 연구 인력들이 NIH로 몰려간 것이 지금 가장 많이 사용하고, 수많은 환자들의 생명을 연장해 준 항암제 개발을 가능하게 해 주었기 때문이다. 《암과의 전쟁 100년》에서 기술하는 화학 치료 그룹과 바이러스 그룹의 학문적 배경에 베트남전이 매우 중요한 역할을 하고 있다. 지금까지 우리가 사용하는 항암제를 당연한 것으로 여기지만 이 책에서는 각 항암제 개발의 학문적 배경과 논쟁, 무수한 실패와 성공에 대해 기술하고 있다. 물론 각 사건에 대한 내용만 하더라도 분량이 엄청나겠지만 이 책은 특히 "예측하지 못하는 성공"에 초점을 맞추고 있다.

내가 지난 30년간 암을 공부하면서 느낀 생물-의학이 다른 과학 분야와 다른 몇 가지는 다음과 같다. 첫째, 다른 학문 분야도 마찬가지지만 지식의 분량이 너무 광범위하다는 점이다. 기본적인 물리, 화학, 통계와 같은 지식뿐만 아니라 개체, 조직, 세포, 그리고 유전자 수준에서 벌어지는 지식의 양이 감당하기 어려울 만큼 많다. 심지어 비슷한 연구를 하고 서로 상반되는 결과가 나오는 게 당연한 분야이다. 이 책에서 다양한 연구 그룹을 언급한 이유도 지식의 분량이 너무 많다는 점에 기인한다.

둘째, 생명-의학은 과학에서 가장 중요한 인과성 입증이 매우 어렵다는 점이다(과학에서 원인과 결과의 중요성은 아무리 강조해도 지나치지 않으므로 어쩔 수 없이 '어렵다'라는 표현할 수밖에 없음을 양해해 주기 바란다). 예를 들면, 특정 유전자의 돌연변이가 암의 원인이고 이를 표적으로 하는 항암제를 만들어 성공한다면 과학적 인과성에 의한 승리일 것이다. 불행히도 이 책에서는 그런 접근법이 대부분 실패하였고, '글리벡Gleevec'이 오히려 예외였다는 점을 강조한다. 이러한 예외는 약물 개발에서 매우 중요한 '적응증'이라는 개념에 기인한다는 점도 날카롭게 지적한다. 생물-의학에서 인과성에 대한 고민은 다윈이 진화론에서 '적자생존Survival of the fittest'이라는 개념을 사용할 수밖에 없었던 이유이기도 하다. 하루가 멀게 언론에서는 새로운 치료법에 대해 얘기하지만 이 책에서는 아무도 보고 싶지 않은 부분, 그렇지만 우리가 반드시 인정해야 할 암세포의 생존 능력과 치료제 개발의 어려움에 대해 솔직하게 고백하고 있다.

마지막으로 대부분의 항암제 성공과 획기적인 치료법은 '쓸모없다 평가한 새로운 지식'에서 나왔다는 점이다. 연구자들은 연구비를 타기 위해 좋은 논문, 보다 구체적으로는 영향력 지수impact factor가 높은 잡지에 논문을 출판하려고 한다. 그런 잡지들은 인류에게 보다 '쓸모 있는 연구'를 하는 논문을 주로 게재한다. 이 책에 기술된 다스쿠 혼조 박사는 지금은 모든 사람이 알고 있는 면역 항암제를 개발하여 2018년 노벨상을 수상하였다. 그의 노벨상 공식 홈페이지에 들어가 보면 과학 미디어와 과학자들의 이러한 태도에 대해 통렬하게 비판하고 있다. 사실 이러한 비판은 그만의 지적이 아니라 이미 오래전부터 의식 있는 많은 연구자가 제기해 온 것이다. 결과적으로 항암제 개발에서 중요한 탈출구는 유명 잡지에 실린 논문이 아니라 남들이 볼 때 '쓸모없는 지식'을 오랜 기간 연구하는 연구자로부터 나온다.

이 책은 지난 100여 년간 항암제를 개발하기 위해 투쟁해 왔던 수많은 사람들의 이야기다. 과거를 모르면 미래도 없다. 이 책은 단순히 항암제를 개발하는 연구자들을 위한 책이 아니다. 오히려 암 연구에 관심이 많은 일반인에게 오랜 기간 암 연구자로서 우리가 알고 있는 것과 모르고 있는 부분을 솔직하게 설명하고 항암제 개발에 보다 많은 관심과 애정을 기울이기를 요구하는 책이다. 따라서 암 연구가 어렵다고만 느끼는 독자들에게 이 책을 권한다. 암 연구의 일반적인 역사에 좀 더 관심을 가지는 분이라면 이 책에서 많이 참고하고 있는 싯다르타 무케르지의 ≪암, 만병의 황제의 역사≫(까치)를 권한다. 아울러 과학 일반에 관심 있는 독자들에게는 프린스턴 고등연구소의 철학이 담긴 플렉스너와 데이크흐라프의 ≪쓸모없는 지식의 쓸모≫(책세상)를 추가로 권하고 싶다.

육종인
연세대학교 치과대학 교수
㈜엠이티라이프사이언스 대표이사

이 책을 읽은 후
연구의 방향과 철학의 대전환은 불가피하다

지난 10년 동안 기초 생명과학자로서 암 분자기전 및 항암 전략을 연구하였다. 암세포에게 무한한 세포 분열의 능력을 부여하는 암유전자의 돌연변이가 출현하는 '원인', 그리고 돌연변이가 암세포의 신호전달 체계를 교란시키는 '원인'을 분자세포생물학적으로 규명하는 연구를 해 왔다. 또한 다른 암 연구자와 마찬가지로 암은 오늘날에도 전체 인구의 사망 원인의 무려 30%가 넘는 1위의 난치성 질환임을 강조하였고, 암 정복을 위한 연구에 대한 투자가 가장 시급한 인류의 과제임을 강조하였다. 이러한 주장을 합리적으로 논증하기 위해 과거와 현재의 다양한 항암 약물치료 전략의 한계를 부각시키며 본인의 연구 결과의 독창성과 중요성을 강조하였다.

하지만 지난달 김수열 박사님이 보내주신 ≪암과의 전쟁 100년≫의 초고를 읽는 긴 시간 내내, '감탄'과 '반성'이라는 격한 감정의 파도에 휩쓸리는 나 자신을 발견하였다. 그동안 그 어떠한 논문, 세미나, 대화 등에서 볼 수도 들을 수도 없었던 암생물학의 각 연구 분야와 연구 기관별 패러다임의 탄생 과정과 항암 전략들의 전개 및 전투 양상에 대한 거시적 안목, 그리고 미래 항암 치료의 전략과 비전에 대한 통찰력에 '감탄'을 금할 수 없었다. 이 책에서 독자에게 던지는 문제의식 중에 머릿속을 떠나지 않는 질문은 다음과 같다. 물론 암이 발생하는 '원인'을 찾는 것은 학문적으로 중요하다. 화학치료 그룹, 바이러스 그룹, 유전체 그룹, 분자생물학 그룹은 암의 발생 원인을 궁금해했고 그 원인을 제거하고자 노력하였다. 하지만 암의 발생 '원인'인 돌연변이가 단백질의 기능을 억제하고자 하는 귀납법적 항암 전략으로 과연 암 정복을 실현할 수 있을까? 여기서 주목할 만한 최근의 연구 결과는, 정상 세포도 암유전자의 돌연변이를 지니고 있다는 사실이다. 과연 암의 발생 원인은 전적으로 유전자의 돌연변이에 기인한 것인지, 혹은 암의 발생 원인이 새롭게 수정되는 패러다임의 전환을 모든 연구자가 눈앞에 두고 있는 것은 아닌지 조심스럽게 기대해 본다.

반면에 기존의 연구 그룹들이 주도해 온 패러다임을 전환하여 암세포가 발생하는 원인 규명이 아닌, 무한한 세포 분열을 지속하기 위해 작동시킨 '결과'인 암세포 특이적 현상 그 자체를 공략하고자 하는 종양면역 그룹과 암 대사 그룹과 같은 연역법적 항암 전략 수립을 통해 암 정복을 앞당길 수 있을까? 주목할 점은 특정 암종을 제외한 암 환자 중 암의 '원인' 유전자에 돌연변이를 지니고 실제 표적치료제로 항암 치료를 받는 환자 수가 매우 적다는 것이다. 반면에 암 대사 요법은 대부분의 암세포가 보편적으로 보이는 '결과'인 비정상적인 대사를 공략함으로 광범위한 적용이 가능할 것이라고 본다. 이렇듯 패러다임의 속성은 기본적으로 잔인함을 내포하며, 새로운 패러다임은 기존의 패러다임을 철저히 배제시키는 속성이 있다. 이 책을 읽고 항암 연구의 역사를 거시적으로 통찰하는 것이 앞으로 다가올 미래를 선도하고 대비하는 데 얼마나 귀중한 자산이 되는지 깨닫게 된다.

하지만 책을 읽으면서 저자의 통찰에 대한 '감탄'과 동시에 내가 암 연구자로서 자부하던 암에 대한 지식과 열정이 얼마나 빙산의 일각에서 파생한 것이었는지에 대한 자각과 '반성'을 마주할 수밖에 없었다. 더 두려웠던 점은, 그동안 보이지 않는 손에 의해 신진 과학자들이 기존의 체계화되고 정형화된 이론과 사고의 틀에 얼마나 쉽게 길들여졌는지를 발견하고 '반성'하게 된 것이다. 이 책에서도 강조하듯, 독자들은 100년의 항암 치료의 역사 속에서 암 정복을 위해 새로운 패러다임을 정립한 위대한 연구 그룹들이 기초, 임상, 신약 개발 등 전 분야에서 세계를 선도한 생생한 예들을 간접 체험할 수 있는 특권을 누릴 것이다. 저자 역시 암 대사의 새로운 패러다임을 발표하고 관련 신약 개발을 선도하고 있다. 혁신적인 항암 패러다임이 정립되고 귀중한 항암 신약이 개발되는 과정에서 각 시대의 연구자들이 겪었던 고뇌, 고독, 그리고 용기의 과정은 100년이 지난 오늘날의 과학자들에게도 그대로 재현되어야 할 소중한 경험이라고 생각한다.

이 책을 읽은 후 의약학, 의생명, 임상, 제약 분야 등 다양한 곳에서 암과의 전쟁을 벌이는 연구자들에게 펼쳐질 암 연구의 방향과 철학의 대전환은 불가피하다. ≪암과의 전쟁 100년≫을 통해 각자 학위 및 연구 과정 동안 훈련받아 온 암 연구 그룹은 어디에 속하는지, 그 그룹은 지난 100년간 암과의 전쟁 속에서 어떤 역할을 담당하였으며 이러한 각자의 전문 영역이 암 정복을 위한 험난한 과정 속에서 보여준 강점과 한계는 무엇인지 면밀히 살펴보게 될 것이다. 아울러 암 정복을 위한 새로운 패러다임을 제시하고 선도할 수 있는 연구자가 되기 위한 노력을 꾸준히 이어갈 것이다.

박원우
연세대학교 생명시스템대학 생화학과 교수
AST암전이연구단 단장

항암제는 어떻게 개발되어 왔으며, 어떻게 암환자에게 도움이 되는 약을 개발할 수 있을까?

　나는 서울대에서 약학을 전공하고 미국 NIH에서 박사후 연수를 한 후 국내 제약사에서 신약 개발을 담당하였고, 동국대학 약학대학 창립 멤버로서 현재 약사 및 약학 연구자들의 연구와 교육을 하고 있다. 그동안 많은 연구 논문을 발표하였지만, 김수열 박사님과 진행한 공동 연구들이 기억에 남는다. 연구하는 기간 동안 연구자로서 현상의 관찰과 얻어 낸 결과를 해석하는 창의적인 관점은 늘 놀라움과 즐거운 배움의 기회를 선사하였다. 김수열 박사님이 항암 신약 개발에 도전한다고 하였을 때 COX-2 억제제 신약 개발 과제를 미리 수행해 본 경험이 있는 나로서는 험난한 고생문으로 들어서려는 김수열 박사님이 걱정되기도 하였다. 하지만 김수열 박사님은 접근법조차 남달랐다. 신약 개발을 위해 우선 2009년 항암제 신약개발사업단의 태동의 계기가 된 과제를 기획하여 항암제 신약개발사업단 설립을 위한 국가 연구비 마련을 위한 기획 과제를 성공시켰다. 또한 생화학, 약학 등의 기초 연구자, 임상 의사 연구자, 제약회사 연구자 등이 서로 만나 경험과 지식을 교환할 수 있는 신약 개발 컨소시엄을 만들고 지금껏 회장을 맡아 성공적으로 운영하고 있다. 그리고 자신의 과제를 성공적으로 운영하며 개발 단계 진입을 가속화하기 위하여 기술 이전 등 사업화도 진행하였다.

이러한 과정을 통해 김수열 박사님은 하나의 고민을 해 오신 듯하다. 그것은 '도대체 항암제는 어떻게 개발되어 왔으며, 어떻게 암 환자에게 도움이 되는 약을 개발할 수 있을까?'였다. 이 책은 이러한 15년간의 의문에 대한 답을 찾아가는 고민에 의해 나온 첫 번째 답이 아닐까 한다. 항암제의 개발 역사를 살펴봄으로써 새로운 항암제 개발의 키포인트를 찾고자 하는 그의 끊임없는 노력에, 항암제 개발을 위한 새로운 타깃 발굴을 연구하는 약품 생화학 분야 약학자의 한 사람으로서 격려와 존경을 보낸다. 아울러 이 책이 나를 비롯해 항암제 신약을 개발하고자 하는 많은 사람들에게 아무쪼록 불굴의 의지를 갖게 하는 참고서가 되기를 기원한다.

이창훈
동국대학 약학대학 학장(2018-2020)
서울대 약대 박사, 미국 NIH 연수

국립암센터의
성공적인 항암제 개발을 기대하며

인생에서 짧게 스치는 인연도 많지만, 예상하지 못한 긴 인연도 많다. 김수열 박사님과의 인연이 그러하다. 16년 전 중견 과학자와 초보 과학자로 처음 만난 뒤 동료 과학자이자 이제는 동업자로서 같이 일하고 있다.

그는 미국 NIH 유학 시절부터 항암제 관련 최신 정보를 몸소 접하였으며, 국립암센터에서 10여 년간 다양한 암 연구 기획에 참여하며 암 연구와 항암제 개발에 관한 한 전문가로 입지를 다져 왔다.

1971년 미국의 닉슨 정부가 '암과의 전쟁'을 선포한 후 수많은 재원이 투자되고 많은 항암제가 연구 개발되었다. 하지만 여전히 전 세계에서 해마다 천만 명 이상의 암 환자가 발생하고 수백만 명이 암으로 사망하고 있다. 국내에서도 매년 암 환자가 20여만 명 발생하고, 암이 변함없이 사망률 1위를 차지하는 실정이다.

2000년대 초 글리벡을 계기로 표적치료가, 이후 키트루다로 대표되는 항암 면역 치료제가 항암제 개발을 주도해 왔지만, 여전히 재발로 인한 사망을 효과적으로 막지는 못하고 있다. 최근 4세대 항암제 개발에 대한 기대와 연구가 지속되는 상황에서 다양한 암세포에 적용 가능한 대사항암제는 훌륭한 대안이 될 것이라 예상된다. 《암과의 전쟁 100년》에서 저자도 기존 항암제와 항암 전략의 문제점을 되짚고 마지막 부분에 대사항암제에 대한 기대와 가능성을 자세히 기술하였다. 더욱이 그가 직접 대사항암제 개발을 주도하고 있기에 국립암센터의 최초 항암제 개발에 대한 기대감이 크다.

《암과의 전쟁 100년》 초고를 읽다 보니 저자의 미국 NIH에서의 경험, 국립암센터에서 쌓은 경력 그리고 임상의들과의 교류에서 얻었던 통찰력이 책 곳곳에 고스란히 녹아 있음을 느낄 수 있었다. 이 책의 출간이 젊은 예비 과학자들에게는 암 연구에 대한 흥미를, 암 환자를 포함한 일반인에게는 항암제와 항암 치료에 대한 이해는 물론이고 암 치료에 대한 희망을 높이는 계기가 될 것을 믿어 의심치 않는다.

이 호
국립암센터 국제암대학원대학교 교수
암의생명과학과 학과장

소년 다윗이 적장 골리앗을 물리쳤듯이,
승리의 날을 기다리며

김수열 박사를 한마디로 표현하면 내 '믿음의 동반자'라고 할 수 있다. 오십이라는 다소 늦은 나이에 예수를 인격적으로 만난 후부터 줄곧 그는 내 신앙의 길잡이 역할을 해 주었고, 그 인연은 지금도 소중하게 이어지고 있다. 그동안 내가 보아 온 것을 정리해 보면 김수열 박사는 **기도하는 사람**이다. 그는 요즘도 부인과 함께 가족과 나라를 위한 기도로 하루를 시작한다고 한다. 그 얘기를 듣고 신앙에 대한 진지함과 꾸준함을 확인할 수 있었고 내심 매우 부러웠다.

열정의 사람이다. 항암제 개발에 대한 열정은 내가 그를 처음 만났던 10여 년 전이나 지금이나 변함없이 뜨겁다. 나와는 매 주일 성경 공부를 같이하는 사이인데, 가끔 항암제 개발에 대해 얘기할 때마다 그의 눈은 호기심 많은 어린아이처럼 맑게 빛난다. 그는 최근 자신의 평생 연구에 종지부를 찍을지도 모를 큰 도전에 나섰다. 바로 새로운 개념의 항암제 개발이다. 이 책 《암과의 전쟁 100년》은 그가 평생 진지하게 연구해 온 분야에서 새로운 패러다임을 제시하려 한 노력의 필연적인 산물이라

할 수 있다.

한결같은 사람이다. 나와 교제해 온 짧지 않은 시간 동안 그는 언제나 안정되고 부드러운 모습으로 친근함과 신뢰감을 주었다. 주변의 작은 일까지 꼭 챙기는 모습에서 그가 매우 다정한 사람이라는 것을 알 수 있었기에, 나는 사람들에게 그를 '진국'이라고 말하기를 좋아한다.

이 책의 추천사를 써 달라고 부탁받았을 때 나는 무슨 말을 써야 할지 막막했다. 사실 이 분야는 문외한이라 책의 내용에 대해 평할 자격이 없기 때문이다. 그런데 원고를 읽으면서 그가 왜 이 책을 썼는지 곰곰이 생각했다. 현재 항암제 개발은 세계 굴지의 제약사들이 독점한 채 답보 상태에 있다. 이런 와중에 기존의 항암제와는 다른 출발점을 가진, 새로운 개념의 항암제 개발로 문제를 돌파하려면 과거에 항암제가 어떻게 시작되고 발전되었는지에 대한 고증과 이해가 필요했을 것이다. 그래서 이 책은 그야말로 김수열 박사답고, 그를 닮았다고 할 수 있다.

따라서 약 3,000년 전 엘라 골짜기에서 소년 다윗이 적장 골리앗을 물리쳤듯이, 승리의 믿음으로 무장한 김수열 박사가 자본으로 무장한 거대 기업들이 독점한 항암제 시장에서 반드시 성공하기를 두 손 모아 축원한다. 아울러 무엇보다 이 책의 출간에 힘찬 박수를 보낸다.

김현철
서울대 의학 박사
청담서울성형외과 원장
사랑의교회 생명윤리 순장

CONTENTS
차례

1

서론

인류의 지성과 암 사이의 전쟁이 시작된 것은 100년 전후이다. 그 100년의 역사를 통해 무엇이 어떻게 종양학의 패러다임을 변화시켰고, 그 변화가 어떻게 암을 무찔렀으며, 지금 우리는 어디서 무엇과 싸우고 있는지 되돌아보고자 한다. 내가 암과의 전쟁을 되돌아보는 목적은 선배 의학자, 과학자들이 어떠한 전략을 세우고 암에 관한 패러다임 변화를 이끌었는지, 그리고 조금씩 승리해 왔는지를 살펴보며 승리의 전략을 배우려는 데에 있다.

암과의 전쟁 속으로

암 과의 전쟁은 인류 역사에서 4000년 넘는 기록으로 남아 있다. 그러나 인류의 지성과 암 사이의 전쟁이 시작된 것은 100년 전후이고, 전쟁이 급격히 치열해지고 많은 전쟁에서 인류가 국지적으로 승리한 것은 1971년 미국이 암과의 전쟁을 선포하면서 부터다. 이제 우리는 그 100년의 역사를 통해 무엇이 어떻게 종양학의 패러다임을 변화시켰고, 그 변화가 어떻게 암을 무찔렀으며, 지금 우리는 어디서 무엇과 싸우고 있는지 되돌아보고자 한다. 그동안 인류가 암을 정복하기 위해 퍼부은 노력은 어떠한 성과를 거두었으며, 아직 정복하지 못한 암을 극복하기 위해 끊임없이 준비하는 과학의 군대와 신무기들은 무엇인지 큰 줄기에 맞추어 가능한 한 단순하게 설명하고자 한다. 단순하게 설명하려는 이유는 암을 완치하면 종양학은 없어질 학문이기 때문이다. 길고 긴 전쟁의 역사를 돌아보면 종양학의 정의는 비교적 단순하며, 블록버스터급의 신약을 만드는 원칙이 간단히 정리된다. **암 치료에 대한 새로운 개념이 성공할 때마다 치료의 패러다임이 바뀌었고, 환자의 생존 수명은 늘어났으며, 이 치료를 발판 삼아 획기적인 과학적 진보가 이루어졌고, 혁신 신약 개발의 기회를 잡은 개발자들이 시장을 거머쥘 수 있었다.** 그러한 힘의 원천은 암 환자와 의료진들이 암과의 전쟁에서 사투를 벌인 의지가 종양학 패러다임 변화를 일으킬 수 있는 무시무시한 잠재된 엔트로피(시스템의 에너지 흐름을 일으킬 수 있는 열역학적 상태)가 되었기 때문이다. 이 엔트로피는 거리낌 없이 개혁하며 비가역적이고 점령된 이론을 전쟁터에서 가차 없이 퇴출시켜 버린다. 하지만 의학자나 과학자에게 패러다임을 바꾸려는 노력은 자신의 운명을 건 치열한 싸움이고, 이 과정들은 대체로 동료나 동시대로부터 인정받지 못한다. 한 가지 현상에 대해 주류 이론과 다른 해석을 하거나 추후 증명에서 실패하면 결국 학문적 죽임을 당하고 학계와 사회에서 잊혀지기 때문이다. 그 대표적인 예가 천동설과 지동설이다. 지동설이 맞는 이론이지만 그 당시만 해도 목숨을 건 싸움이었음을 갈릴레오가 증언하고 있다. 태양이 운동을 바꾼 것이 아니라 우리가 태양을 바라보는 관점이 바뀐 것이라는 데 주목해야 한다. 이 패러다임의 변화가 문명이 지구와 우주로 발전하는 중대한 변곡점이 된 것은 모두가 아는 사실이다. 즉, 암도 변하지 않는다. 우리가 암을 이기지 못하고 있다면, 그것은 우리의 관점이 문제임을 시사한다. 따라서 우리는 문제가 있는 패러다임에서 벗어나야 한다. 수많은 과학자와 의사들이 종양학의 패러다임과 대치하며 전략을 바꾸어 가며 이기려고 노력하고 있다. 그래서 승자에게 주어지는 명예와 예우는 보상받을 가치가 충분하며, 그 업적은 인류 역사에 길이 남을 빛이 되는 것이다. 역사적 해석은 어떠한 철학적 배경을 택하느냐에 따라서 다양할 수 있다. **나는 암과의 휴전이나 평화 협상이 아닌, 반드시 신속하게 그리고 완전히 암을 정복하는 것을 목표로 하는 관점에서 100년을 돌아본다.** 내가 암과의 전쟁을 되돌아보는 목적은 우리의 선배 의학자, 과학자들이 어떠한 전략을 세우고 암에 관한 패러다임 변화를 이끌었는지, 그리고 조금씩 승리해 왔는지를 살펴보며 승리의 전략을 배우려는 데에 있다.

올해는 1971년 12월 23일 미국에서 리차드 닉슨Richard Nixon 1913-1994 대통령이 두 번째 국가 암 법National cancer act을 선포한 지 꼭 50년이 되는 해이다[1] (첫 번째 국가 암 법은 1937년 프랭클린 루스벨트 대통령이 선포해 NCI가 설립됨). 당시 월남전을 치르던 터라, 닉슨 대통령은 암관리법 선포를 암과의 전쟁에 비유했다. 그리고 지난 50년 동안 다양한 전략으로 암과의 전쟁을 벌이며 싸워 오느라 의료진과 과학자들이 많이 지친 것 같다. 그동안 암과의 전투 자체에 너무 오랫동안 깊이 빠져들어서 싸움의 전략(목표에 도달하려는 계획)이 사라지고 전술(전략을 이루기 위한 수단이나 방법)만이 남아 지지부진한 전쟁터가 되어 버린 탓이다. 지금 필요한 것은, 싸우는 목적을 다시 새롭게 하고 싸움에서 이기는 방법을 배우는 것이다. 이러한 최면 상태를 깨우는 안내 방송이 매일 여러 번 구내 스피커를 통해 들려온다. "코드 블루

코드 블루...병원동 4층 수술실..." 이것은 암 환자가 치료 중 심정지가 왔음을 알려준다. 즉 암과의 전쟁에서 또 한 사람의 전사자가 나온 것이다. 이렇게 전선에서 쓰러져 가는 분들이 대한민국에서 매년 81,203명[2]이니, 월남전과 비교하면(10년간 전사자 4,687명)[3] 매년 16번의 월남전을 치르고 있는 셈이다. 미국은 암과의 전쟁에서 매년 599,601명[4]이 사망하고 있으니, 매년 월남전을(10년간 전사자 4,687명) 127회 치르는 것이나 다름없다. 이러한 귀한 인명 손실은 국가 생산력에 엄청난 영향을 주고 있다. 대한민국의 암 유병자 수는 2018년 201만 명이 넘는 것으로 집계되고 있다[2]. 이는 거의 100명에 4명이 암 유병자라는 말이고(유병률 약 4%), 그중 2~3명이 완치된다고 통계는 말하고 있다(5년 생존율 70%)[2]. 암 유병률은 아이러니하게도 중세 시대에 더 높았다. 현대에 더 증가한 질병이 아니라는 역설적인 이야기 이다. 영국 케임브리지대학의 연구진이 6세기~16세기 사이에 만들 어진 묘지에서 143명의 유골을 발굴했다. 연구진은 육안 검사, CT 스캔 등을 이용해 유골을 분석했는데 그 결과 중세 영국 성인의 9~14%가 암 환자였으며, 이는 이전에 제안한 가설 1%의 10배가 넘는다는 사실을 알아냈다[5]. 충분한 통계적 수치는 아니더라도 암이 현대에 발생한 질병이 아니라 오래전부터 존재했던 질병이고, 생물학적 불완전성에 근거하여 그 발병을 피할 수 없다면 새로운 치료 접근법을 찾는 것만이 전쟁에서 승리할 수 있는 전략임을 암시 한다.

중세에서 근대에 이르기까지 악성 종양으로 사망하는 사람을 사회에서는 어떤 눈으로 바라보았을까? 과학적인 냉철한 이성이 보급되기 이전에는 악성 종양을 죄나 저주 등의 종교적 혹은 미신적 재앙의 결과로만 판단했다. 우리가 이해하지 못하는 질병과 자연 현상의 영역을 거짓 진리가 지배하고 있었던 것이다. 그러다 17세기 철학적 깨우침에 바탕을 둔 과학적 이성이 체계화하면서 과학의 규칙이 만들어진다. 그것을 시작한 이들은 경험론empiricism(실험적 귀납적 방법론)의 창시자인 프랜시스 베이컨과, 합리론rationalism(합리적 연역적 방법론)의 창시자인 르네 데카르트이다. 이들의 사상이 무서운 이유는 이전의 진리를 모두 무효화했기 때문이다. 실험으로 증명될 수 있는 과학적 지식만 진리로 인정하는 과학 사상의 패러다임이 시작된 것이다. 이들의 과학 사상은 19세기 다윈의 진화론과 멘델의 유전 법칙을 이끌어내고, 현대 생명과학의 발전을 이루는 바탕이 된다.

지금 우리는 유전 물질이 DNA라는 것을 당연한 상식으로 받아들인다. 암이 우리 체내에 있는 DNA의 다양한 돌연변이를 원인으로 하고 있다는 것을 알고 있지만, 사실 DNA의 문제가 있다는 것을 알아낸 것은 원자폭탄이 떨어지고 한참 후인 1970년대의 일이다. 1960년대까지도 대부분의 과학자들은 바이러스가 암의 원인이라고 생각했다. 1960년 피터 노웰Peter Nowell 박사가 만성골수성백혈병 환자의 암성 백혈구에서 비정상적으로 작은 염색체인 필라델피아 염색체를 발견한 것이 암과 유전학을 연결하는 중요한 계기가 되었으며, 후에 이의 억제제가 세계 최초의 화합표적치료제imatinib가 된다. 그리고 DNA의 변화가 생리적 문제를 일으키는 단서가 될 것이라는 생각을 하게 되었다. 다른 한편에선 1953년 왓슨James Watson, 1928-생존과 크릭Francis Crick, 1916-2004 박사가 유명한 이중 나선구조를 발표했지만 즉각적으로 중요성을 깨닫지는 못했다. 1961년 니런버그 박사가 DNA 염기 3쌍이 아미노산 1개 정보를 가진다는 DNA code를 (이를 codon이라 한다) 발견하면서, 1962년 왓슨과 크릭 박사는 노벨상을 받는다. 이후 DNA code를 모두 풀고 니런버그 박사는 1968년 노벨상을 받는다. 즉, 생리현상의 기본 틀인 DNA가 작동하는 방식을 처음으로 발견하였고, DNA의 돌연변이는 생리적으로 다른 활성을 지닌 단백질을 만들어 낸다는 것을 알게 된 것이다. 이제 과학자는 신이 쥐여준 생명 정보의 암호 해독기를 손에 쥐게 되었고, 암을 물리칠 수 있다는 자신감이 하늘을 찔렀다. 드디어 돈만 퍼부으면 전쟁에서 이기는 것은 시간문제라는 자신감으로 1971년 암 정복을 향한 전쟁을 시작한 것이다.

암과의 전쟁 50년 만에 100% 사망하던 소아 급성림프구성백혈병(ALL) 환자는 이제 100% 가까이 생존한다[6]. 그리고 미국에서 1950년대에 200만 달러에 불과했던 암 연구비는 2020년대 65억 달러로 2000배 넘게 증가해 생명과학 분야에 엄청난 진보를 가져왔다[7]. 아직도 고형암에서 남은 숙제가 많지만 암 연구의 역사를 돌아보면, 암 연구는 애당초 치료법을 제공하기 위한 연구였다는 것을 알게 된다. 종양학은 분자생물학이나 유전학, 생화학처럼 생명의 원리를 이해하고자 연구하는 학문이 아니었다. 종양학은 암 치료 학문인 것이나. 그토록 많은 돌연변이를 가진 암세포를 그것과 전혀 무관한, 오히려 돌연변이를 증가시킬 수 있는 화학요법으로 치료하는 아이러니한 현실이 온 것이다. 연구실 밖에는 기다리는 사람이 없지만, 진료실 밖에는 치료를 기다리는 환자가 줄시어 서 있기 때문이다. 따라서 암을 연구하는 이들은 모든 연구의 기획을 최종 수혜자가 되는 암 환자로부터 출발해야 한다. 환자들이 건강하게 살고자 하는 의료수요unmet need를 시작으로 암을 정복하는 연구 계획을 세워야 이 기나긴 전쟁을 빨리 끝낼 수 있다. 지금까지 이 전쟁을 이기기 위해 과학자들은 다양한 전략(이론)과 전술(방법)로 싸워 왔으며, 많은 부분에서 승리를 거두었고, 이로 인해 많은 유병자가 생존하여 사회에 복귀하고 있다. 대표적인 암 치료법은 수술법의 발달이 그 시작으로, 윌리암 홀스테드William Halsted, 1852-1922 박사가 전방위적 수술법을 도입했고, 방사선 치료로 수술이 힘든 장기의 암 치료가 가능해졌으며, 담배나 석면, 자외선 등의 유해성을 경고하여 많은 이가 암을 예방할 수 있게 되었다. 그러나 수술이나 방사선으로 치료 불가능하거나, 치료 후 재발하는 고형암이 많아서 이를 극복하기 위해 100여 년 전 등장한 새로운 무기가 화학 치료제였고 계속 종양학 연구의 패러다임 변화에 맞추어 개발 중이다.

결론은 암을 낫게 하는 치료법을 찾으면 암과의 전쟁은 끝나고, 과학자들은 종양학 국가에서 실험적 귀납론 국가로 철수한다. 귀납론을 만족하는 종양 이론을 연구하여 전쟁에서 이기려 한다면 앞으로 100년 더 전쟁해도 지금의 전쟁 양상은 크게 달라지지 않을 것이다. 그 이유는 우리가 지난 100년간 싸워 오며 배운 사실은 **"암의 발생은**

단일 원인에 의한 귀납적 성질이 없으며heterogenous, 일단 암은 발생하면 살아남기 위해 어떠한 제제에도 이를 피해 가기 위한 가소성plasticity을 잘 활용한다"는 것이다. 쉽게 말해 암 진단 시의 암과, 항암치료 시의 암, 암 재발 시의 암이 변화된 환경에 따른 새로운 유전 형질을 얻어 가는 가소성을 가진다는 것이다. 분자진단에 따라 항암제를 맞춤 치료한다면, 어떤 포인트에 맞추어야 하는가? 수백 개의 암 유전자 돌연변이를 감안하면 항암치료 조합은 어마어마하게 늘어날 것이다. 우리가 암에 관해 알고 있는 것이 물 한 컵이라고 한다면, 알아야 할 암의 원리는 바다와 같아서 결코 고전적인 귀납적 접근으로는 이길 수 없다. 순수과학의 무한한 진리에 대한 질문들을 연구하는 영역과 다른 영역인 것이다.

그러면 암은 정복할 수 없다는 말인가? 그렇지 않다. 우리 선배들은 지난 100년간 많은 암과의 전쟁에서 승리해 왔으며, 그 방법은 화학치료와 더불어 수술, 방사선 치료로 일반적인 유병자의 평균 생존율이 70%가 넘는 세상이 되었다. 나는 우리의 지성과 창조성이 새로운 패러다임을 열어 모든 암을 완치하는 날이 반드시 갑자기 올 것이라 믿는다. 그 이유는 암 현상도 생명의 본질이 아닌 비정상적인 생리현상일 뿐이기 때문이다. 암은 심오한 생명 신비 현상이 아니라, 비정상적 생리현상anomaly일 뿐이며, 우리는 이 문제를 충분히 정복할 능력이 있다. 그리고 그 방법론은 연역적 치료법 개발에 있다고 본다. 결국 과학적 이론과 원리에 엄격히 준하여 주던 노벨상도 드디어 2018년 처음으로 치료제로 노벨상을 주기 시작했다. 놀랍게도 이 치료법은 암의 원인이나 발생과 전혀 상관이 없는 면역적 치료법Immune checkpoint inhibitors이다. 즉, 암의 잘못된 생리현상을 공격하는 것이다. 비록 시간은 오래 걸렸지만, 귀납적 원리론자들도 이제야 깨달은 것 같다. 과학적 이론과 원리에 기반한 돌연변이 이론이 연역적 인식 체계를 구성하는 매우 중요한 구성 요소임은 분명하다. 그러나 향후 새로운 암 치료법 개발은 반드시 암에 대한 새로운 인식 체계(새로운 패러다임)를 기반으로 해야 한다.

2

암이란 무엇인가?

암은 신체의 일부 세포가 통제할 수 없을 정도로 성장하여 신체의 다른 부분으로 퍼지는 질병이다. 암은 전이라고 하는 과정을 통해 주변 조직으로 퍼지거나 침범하고 신체의 먼 곳에 새로운 종양을 형성한다. 암의 종류는 100가지가 넘는데 다양한 암종이 어떻게 발생하는 것이냐는 아직도 몇 가지 설이 대립하여 연구가 진행 중이다. 그중 피터 노웰 박사와 버트 보겔슈타인 박사의 큰 줄기를 이루며, 노웰 박사는 암을 돌연변이의 선택으로, 보겔슈타인 박사는 단계별 돌연변이 발생으로 설명하고 있다.

암이란 무엇인가?

암은 신체의 일부 세포가 통제할 수 없을 정도로 성장하여 신체의 다른 부분으로 퍼지는 질병이다. 암은 수조 개의 세포로 구성된 인체의 거의 모든 곳에서 시작될 수 있다. 일반적으로 인간의 세포는 세포분열이라는 과정을 통해 성장하고 증식하여 신체가 필요로 할 때 새로운 세포를 형성한다. 세포가 늙거나 손상되면 죽고 새로운 세포가 그 자리를 차지한다. 때때로 이 질서 정연한 과정이 무너지고, 비정상적이거나 손상된 세포가 자라서는 안 될 때 증식하고 계속 증식할 때 조직 덩어리인 종양을 형성할 수 있다. 종양은 양성 종양이 될 수도, 악성 종양인 암이 될 수도 있다. 암은 전이라고 하는 과정을 통해 주변 조직으로 퍼지거나 침범하고 신체의 먼 곳으로 전이metastasis하여 새로운 종양을 형성할 수 있다. 많은 암이 고형 종양을 형성하지만 백혈병과 같은 혈액암은 그렇지 않아서 혈액암이라고 한다.

양성 종양은 주변 조직으로 퍼지거나 침범하지 않는다. 양성 종양은 제거하면 일반적으로 다시 자라지 않는 반면 암은 흔히 다시 자란다. 암세포는 여러 면에서 정상 세포와 다르다. 암세포는 성장하라는 신호가 없을 때도 성장하는 반면, 정상 세포는 그러한 신호를 받을 때만 성장한다. 암세포의 특징은 다음과 같다[1].

- 일반적으로 세포가 분열을 멈추거나 죽도록 지시하는 신호를 (apoptosis, 프로그래밍 된 세포 사멸 또는 세포 사멸로 알려진 과정) 무시한다.
- 주변 부위로 침입하여 신체의 다른 부위로 퍼진다. 정상 세포는 다른 세포와 만나면 성장을 멈추고 대부분의 정상 세포는 몸을 돌아다니지 않는다.
- 혈관이 종양을 향해 자라도록 한다. 이 혈관은 종양에 산소와 영양분을 공급하고 종양에서 노폐물을 제거한다.
- 면역 체계에서 숨는다. 면역 체계는 일반적으로 암세포와 같이 손상되거나 비정상적인 세포를 제거한다.
- 면역 체계를 속여 암세포가 생존하고 성장하도록 돕는다. 예를 들어, 일부 암세포는 면역 세포가 종양을 공격하는 대신 보호하도록 설득한다.

- 염색체 부분의 복제 및 결실과 같은 염색체에 여러 변화를 축적한다. 일부 암세포는 정상 염색체 수의 두 배이다.
- 정상 세포와 다른 종류의 영양소에 의존한다. 또한 일부 암세포는 대부분의 정상 세포와 다른 방식으로 영양소로부터 에너지를 생성한다. 이것은 암세포가 더 빨리 성장할 수 있도록 하는 데 도움이 된다.

암은 유전병과 같이 생식세포에 변화가 생겨 유전되는 질병과는 다르게, 체세포에 유전적 변화에 의한 질환이다. 즉, 세포가 기능하는 방식, 특히 세포가 성장하고 분열하는 방식을 제어하는 유전자의 변화로 인해 발생하는 것으로 알려져 있다. 암을 유발하는 유전적 변화는 다음과 같은 이유로 발생할 수 있다.

- 세포분열로 인해 발생하는 오류
- 바이러스 감염에 의한 유전적 변화
- 담배 연기의 화학 물질과 태양의 자외선과 같은 환경의 유해 물질로 인한 DNA 손상

신체는 일반적으로 DNA가 손상된 세포가 암으로 변하기 전에 제거하는 능력이 지니고 있다. 그러나 신체의 능력은 나이가 들면서 쇠퇴한다. 이는 노년기에 암에 걸릴 위험이 더 큰 이유 중 하나이다. 각 사람의 암에는 고유한 유전적 변화 조합이 있다. 암이 계속 성장

함에 따라 추가적인 변화가 일어날 것이다. 같은 종양 내에서도 세포마다 유전적 변화가 다를 수 있다. 암에 기여하는 유전적 변화는 3가지 주요 유형의 유전자, 즉 원발암 유전자proto-oncogene, 종양 억제 유전자tumor suppressor 및 DNA 복구 유전자DNA repair에 영향을 미치는 경향이 있다. 이러한 변화를 때때로 암의 "운전자driver"라고 한다. 원발암 유전자는 정상적인 세포 성장과 분열에 관여한다. 그러나 이러한 유전자가 특정 방식으로 변경되거나 정상보다 더 활성화되면 암을 유발하는 유전자(또는 발암 유전자oncogene)가 되어 세포가 성장하지 않아야 할 때 성장한다. 종양 억제 유전자는 세포 성장과 분열을 조절하는 데 관여한다. 종양 억제 유전자에 특정 변화가 있는 세포는 통제되지 않는 방식으로 분열할 수 있다. DNA 복구 유전자는 손상된 DNA를 수리하는 데 관여한다. 이러한 유전자에 돌연변이가 있는 세포는 염색체 부분의 복제 및 결실과 같은 다른 유전자의 추가 돌연변이 및 염색체의 변화를 일으키는 경향이 있다. 이러한 돌연변이는 세포를 암으로 만들 수 있다. 과학자들이 암을 유발하는 분자적 변화에 대해 더 많이 알게 되면서 여러 유형의 암에서 흔히 발생한다는 특정 돌연변이가 있다는 사실을 발견했다. 이제는 암에서 발견되는 유전자 돌연변이를 표적으로 하는 암 치료법도 많다. 이러한 치료법 중 일부는 암이 자라기 시작한 위치와 상관없이 표적 돌연변이가 있는 암에 걸린 사람이라면 누구에게나 사용할 수 있다.

암세포가 신체의 다른 부위로 퍼지는 과정을 전이라고 하며, 처음 형성된 곳에서 신체의 다른 곳으로 퍼진 암을 전이성 암이라고 한다.

전이성 암은 원래 또는 원발성 암과 동일한 이름과 동일한 유형의 암세포를 가지고 있다. 예를 들어, 폐에 전이성 종양을 형성하는 유방암은 전이성 유방암이시 폐암이 아니다. 현미경으로 보면 전이성 암세포는 일반적으로 원래 암의 세포와 동일하다. 더욱이, 전이성 암세포와 원래 암의 세포는 일반적으로 특정 염색체 변화의 존재와 같은 몇 가지 공통적인 분자적 특징을 가지고 있다. 어떤 경우에는 치료가 전이성 암 환자의 수명을 연장하는 데 도움이 될 수 있다. 다른 경우에, 전이성 암 치료의 주요 목표는 암의 성장을 조절하거나 암이 유발하는 증상을 완화하는 것이다. 전이성 종양은 신체 기능에 심각한 손상을 일으킬 수 있으며 암 사망자 대부분은 전이성 질병으로 사망한다.

암의 종류는 100가지가 넘는다. 암의 유형은 일반적으로 암이 형성되는 기관이나 조직에 따라 명명된다. 예를 들어 폐암은 폐에서 시작되고 뇌암은 뇌에서 시작된다. 암은 또한 상피 세포 또는 편평 세포와 같이 암을 형성한 세포의 유형에 따라 설명될 수 있다. 또한 소아암과 청소년 및 청년기 암에 대한 정보도 있다. 특정 유형의 세포에서 시작되는 몇 가지 범주의 암을 소개하면 다음과 같다.

암종(Carcinoma)

암종은 가장 흔한 유형의 암으로, 신체의 내부 및 외부 표면을 덮는 세포인 상피 세포에 의해 형성된다. 상피 세포에는 여러 유형이 있으며 현미경으로 보면 모양이 대체로 기둥과 같다. 다른 상피 세포 유형에서 시작하는 암종에는 특정 이름이 있다. 선암adenocarcinoma은 체액이나 점액을 생성하는 상피 세포에서 형성되는 암이다. 이러한 유형의 상피 세포가 있는 조직을 선 조직glandular tissue이라고 한다. 유방암, 결장암, 전립선암의 대부분은 선암종adenocarcinoma이다. 기저 세포 암종basal cell carcinoma은 사람의 피부 외부층인 표피의 하부 또는 기저층에서 시작되는 암이다. 편평 세포 암종squamous cell carcinoma은 피부의 외부 표면 바로 아래에 있는 상피 세포인 편평 세포에서 형성되는 암이다. 편평 세포는 또한 위, 내장, 폐, 방광 및 신장을 포함한 많은 다른 기관에 늘어서 있다. 편평 세포는 현미경으로 볼 때 물고기 비늘처럼 평평해 보인다. 편평 세포 암종은 때때로 표피양 암종이라고 한다. 이행 세포 암종transitional cell carcinoma은 이행 상피epithelial cell 또는 요로상피urothelium라고 하는 일종의 상피 조직에서 형성되는 암이다. 점점 더 커질 수 있는 여러 층의 상피 세포로 구성된 이 조직은 방광, 요관, 신장의 일부(신장) 및 기타 몇 가지 기관에서 발견된다. 방광, 요관 및 신장의 일부 암은 이행 세포 암종이다.

육종(Sarcoma)

육종은 뼈와 근육, 지방, 혈관, 림프관 및 섬유 조직(힘줄 및 인대 등)을 포함한 연조직에 형성되는 암이다. 골육종은 가장 흔한 뼈암이다. 연조직 육종의 가장 흔한 유형은 평활근육종leiomyosarcoma, 카포시 육종Kaposi sarcoma, 악성 섬유성 조직구종malignant fibrous histiocytoma,

지방육종liposarcoma 및 피부 섬유 육종 돌기dermatofibrosarcoma protuberans이다.

백혈병(Leukemia)

골수의 혈액 형성 조직에서 시작되는 암을 백혈병이라고 한다. 이 암은 고형 종양을 형성하지 않는다. 그 대신, 많은 수의 비정상 백혈구(백혈병 세포 및 백혈병 아세포)가 혈액과 골수에 축적되어 정상 혈액 세포를 밀어낸다. 정상 혈구 수치가 낮으면 신체가 조직에 산소를 공급하거나 출혈을 조절하거나 감염과 싸우기 어려워진다. 백혈병 에는 4가지 일반적인 유형이 있으며, 질병이 얼마나 빨리 악화되는지 (급성 또는 만성acute or chronic)와 암이 시작되는 혈액 세포 유형(림프모구 또는 골수성lymphoblastic or myeloid)에 따라 분류된다. 급성 형태의 백혈병은 빠르게 성장하고 만성 형태는 더 천천히 성장한다.

림프종(Lymphoma)

림프종은 림프구lymphocyte(T 세포 또는 B 세포)에서 시작되는 암이다. 림프구는 면역 체계의 일부인 질병과 싸우는 백혈구다. 림프종에서 비정상적인 림프구는 림프절과 림프관뿐만 아니라 신체의 다른 기관 에도 축적된다. 림프종에는 두 가지 주요 유형이 있다.

- 호지킨스Hodgkin 림프종 – 이 질병에 걸린 사람들은 Reed-Sternberg 세포라고 하는 비정상적인 림프구가 있다. 이 세포는

일반적으로 B 세포에서 형성된다.

- 비호지킨 림프종 – 림프구에서 시작되는 대규모 암 그룹이다. 암은 빠르게 또는 천천히 성장하며 B 세포 또는 T 세포에서 형성될 수 있다.

다발성 골수종(Multiple myeloma)

다발성 골수종은 다른 유형의 면역 세포인 형질 세포plasma cell에서 시작되는 암이다. 골수종 세포라고 하는 비정상적인 형질 세포는 골수에 축적되어 전신의 뼈에 종양을 형성한다. 다발성 골수종은 형질 세포 골수종 및 칼러병Kahler disease이라고도 한다.

흑색종(Melanoma)

흑색종은 멜라닌(피부에 색을 부여하는 색소)을 만드는 특수 세포인 멜라닌 세포에서 되는 세포에서 시작되는 암이다. 대부분의 흑색종은 피부에 형성되지만 일부 흑색종은 눈과 같은 다른 색소 조직에도 형성될 수 있다.

뇌 및 척수 종양(Brain and spinal cord tumor)

뇌 및 척수 종양의 유형은 다양하며, 종양이 형성된 세포 유형과 중추 신경계에서 종양이 처음 형성된 위치에 따라 명명된다. 예를 들어, 성상 세포 종양astrocyte tumor은 신경 세포를 건강하게 유지하는 데 도움이 되는 성상 세포라고 하는 별 모양의 뇌세포에서 시작된다.

뇌종양은 양성(암 아님) 또는 악성(암)일 수 있다.

생식 세포 종양(Germ cell tumor)

생식 세포 종양은 정자 또는 난자를 생성하는 세포에서 시작되는 종양 유형이다. 신체의 거의 모든 곳에서 발생할 수 있으며 양성 또는 악성일 수 있다.

신경 내분비 종양(Neuroendocrine tumor)

신경 내분비 종양은 신경계의 신호에 반응하여 호르몬을 혈액으로 방출하는 세포에서 형성된다. 정상보다 많은 양의 호르몬을 생성하는 이러한 종양은 다양한 증상을 유발할 수 있다. 신경 내분비 종양은 양성 또는 악성일 수 있다.

카르시노이드 종양(Carcinoid tumor)

카르시노이드 종양은 일종의 신경 내분비 종양으로 일반적으로 위장 시스템(대부분 직장과 소장에 있음)에서 발견되며 느리게 자란다. 카르시노이드 종양은 간이나 신체의 다른 부위로 퍼지며, 세로토닌 이나 프로스타글란딘과 같은 물질을 분비해 카르시노이드 증후군 carcinoid syndrome을 유발할 수 있다.

이 모든 다양한 암종이 어떻게 발생하는 것이냐는 아직도 몇 가지 설이 대립하여 연구가 진행 중이다. 많은 이론 가운데 크게 두 가지를 소개하면, 피터 노웰Peter Nowell, 1928-2016 박사의 암세포 진화 이론과 버트 보겔슈타인Bert Vogelstein, 1945-생존 박사의 다단계 돌연변이에 의한 암 발생 이론이다. 노웰 박사는 글리벡 스토리로 유명해진 표적을 찾아내는 데 결정적 연구를 했다. 그는 필라델피아에 있는 폭스 체이스 암센터의 데이비드 헝거퍼드 박사David Hungerford, 1927-1993와 공동 연구 중에 특정 형태의 백혈병 환자의 백혈구를 분석하면서 22번 염색체가 눈에 띄게 짧다는 것을 일관되게 알아차렸다. 이 발견은 암의 발생을 이해하는 데 아주 큰 전환점이 되었다. 그때까지 대부분의 과학자는 바이러스가 암의 원인이라고 믿었기 때문이다. 만성골수성백혈병(CML)이라는 백혈병 환자 거의 100%에서 염색체 이상과 더불어 DNA의 돌연변이로 공통적인 인산화효소가 만들어진다는 것을 발견하고, 암의 원인이 DNA에 있음을 규명했다. 뒤에 드루커와 라이턴 박사가 항암제 역사 최초의 화합물 표적치료제 글리벡을 개발하여 암 치료의 새로운 패러다임을 열었다. 1976년 노웰 박사는 대부분의 신생물neoplasm은 단일 기원 세포에서 발생하고 암의 진행은 원래 클론 내에서 획득한 유전적 가변성으로 인해 발생하며, 아래 세대로 이어져 더욱 공격적인 세포로 선택된다고 제안했다[2]. 보겔슈타인 박사는 1989년 대부분의 종양에서 p53의 돌연변이를 발견한다. 그러나 그 당시 p53을 처음 발견한 그룹에서는 p53을 종양 유전자로 발표한 터라서 연구 결과의 해석이 어려웠다. 결국 1992년 p53 knock out mouse가 종양을 만드는 것을 발견해 p53이 종양 억제 유전자라는 것을 알게 되면서 보겔슈타인 박사의 연구 결과가 주목받았다. 1991년 보겔슈타인 박사는 APC 유전자의 돌연변이가 가족성 선종성 용종증(FAP)의 원인이라는 것을 발견했다. 그는 1993년 다단계 돌연변이에 의한 암 발생 이론을 제안한다[3]. 암은 하나가 아니라 여러 개의 돌연변이가 필요한 독특한 유형의 유전 질환이라는 것이다. 그는 각각의 돌연변이는 종양 크기, 조직화 및 악성 종양의 점진적인 증가에 밀접한 생리적 변화를 주는 요인이라고 했다. 그리고 이러한 과정을 거치려면 최소한 3~6개의 돌연변이가 필요하다고 주장했다. 두 과학자 모두 암을 유전 질환으로 보았으나, 노웰 박사는 암을 돌연변이random mutation의 선택selection으로, 보겔 슈타인 박사는 단계별 돌연변이 발생으로 설명하고 있다.

3

화학치료 그룹의 탄생

항암제 개발 시작 첫 전선,
1900 ~ 현재

1900년대 초 파울 에를리히 박사는 매독 치료제인 아르스페나민(arsphenamine, Salvarsan)이라는 화합물을 개발해 질병을 화합물로 치료할 수 있음을 보여주어 과학의 새로운 패러다임을 열었다. 이후 1차 세계대전 중 독일이 연합군을 공격하기 위해 사용한 겨자 가스가 백혈병 치료에 효과가 있음이 밝혀진 뒤 질소 겨자가 1949년 세계 최초 화합물 항암제로 미국 식약처의 승인을 받으며 많은 과학자와 의학자들은 다양한 화학 물질을 시험하는 경주를 시작했다.

화학치료 그룹의 탄생

암 과의 전쟁은 1900년대부터 1970년까지 70년간과 1971년 이후 50년간의 두 부분으로 나눌 수 있다. 전기 전쟁에서 단적으로 화학 시대가 열렸고, 미신에서 벗어나 화합물로 질병을 다스리는 패러다임의 대전환이 일어나는 전쟁이었다. 1971년 이후 후기 전쟁은 바이러스 연구를 통한 생물학 시대가 열리는 것으로, 암 연구와 치료 그리고 생물학 전반에 대대적인 패러다임이 급속하게 격변하는 놀라운 대전쟁이었다.

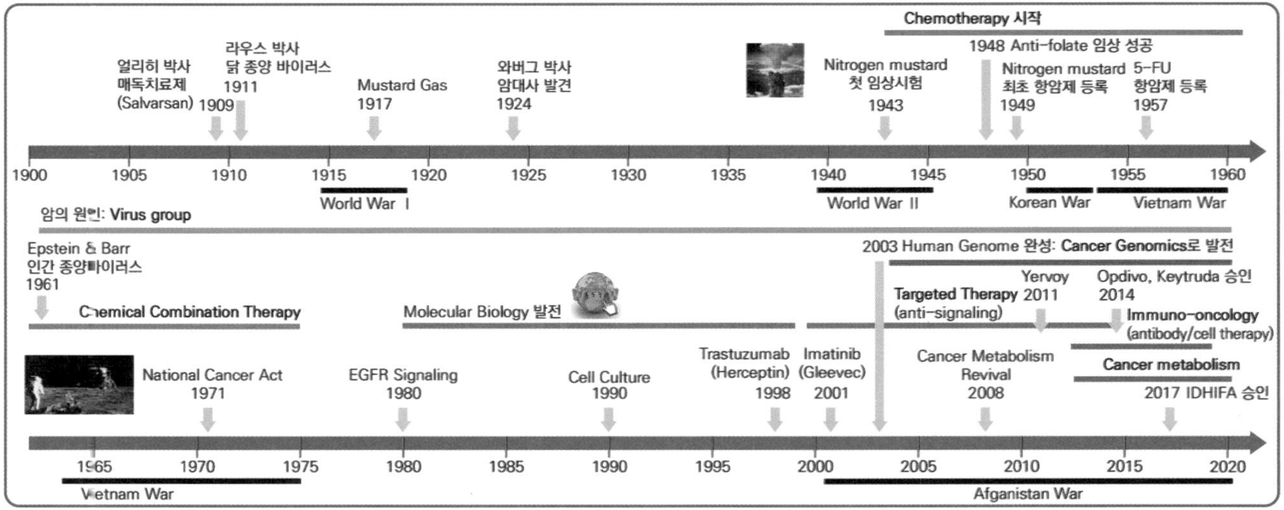

[그림 1] 암과의 전쟁 100년

패러다임 변화로 본 암과의 전쟁 100년. 1900년대 초에 독일에 엘리히 박사가 비소화합물로 매독균을 치료하는 살바르산 화학치료법을 소개함. 이를 계기로 질병을 화합물로 치료하는 화학치료(Chemotherapy) 패러다임이 시작되었으며, 화합물로 질병을 치료하는 마법 탄환(magic bullet) 이론이 만들어짐. 화학치료법은 1949년 질소 겨자 지료제와 1948년 엽산 길항제, 이 두 가지의 성공으로 발전됨. 이후 바이러스 패러다임에서 분자생물학 패러다임으로 전환되며, 1998년 허셉틴과 2001년 글리벡의 표적치료가 등장함. 이후 표적치료제가 한계에 부딪히자, 2011년 여보이와 2014년 옵디보의 종양면역 항체치료제에 의한 새로운 패러다임 세포로 패러다임의 가능성을 보임. 2017년 암세포의 신약도 첫 출시되며 새로운 패러다임의 가능성을 보임.

3장 화학치료 그룹의 탄생 **45**

1. 화학치료 그룹 I (1900~1950)

1900년대 초 파울 에를리히Paul Ehrlich, 1854-1915 박사는 세계 최초로 질병을 화합물로 치료할 수 있음을 보여줌으로써 과학의 새로운 패러다임을 열었다. 그의 새로운 화학치료법 철학은 100년 동안 근대 과학과 현대 과학 발전에 지대한 영향을 미쳤다[1]. 1909년 에를리히 박사는 세계 최초로 매독 치료제인 아르스페나민arsphenamine, Salvarsan이라는 화합물을 개발했다. 이것이 질병을 화합물로 치료하는 "화학치료chemotherapy"의 시작이 된 것이다. 그리고 에를리히 박사는 각 질병마다 질병을 고칠 수 있는 "마법의 총알Magic bullet" 개념의 화합물이 존재할 것이라고 가정했다. 1928년 스코틀랜드의 알렉산더 플레밍이 화학적으로 합성이 가능한 "페니실린"을 발견하고 미생물 감염 치료에 사용해 수많은 사망자를 살리는 데 이바지한다. 두 번째 마법의 총알이 나온 것이다. 질병을 기도나 주술 또는 민간 요법이 아니라 화학 합성물로 치료하려는 전환이 20세기 초 과학과 의학계의 패러다임을 바꾸는 큰 변환점이 된 것이었다.

이러한 마법의 총알을 찾기 위한 사고의 전환은 전쟁터에서 뜻밖의 발견을 통해 촉진되었다. 제1차 세계대전 중 독일은 겨자 가스 mustard gas, sulfur mustard를 개발해 연합군을 공격하는 데 사용하였다. 펜실베이니아대학의 연구원들은 제1차 세계대전 중 겨자 가스로 사망한 75명의 군인을 부검한 결과, 사망자들의 백혈구 수가 크게 감소했다는 것을 알게 되었다. 이러한 발견을 토대로 1942년 예일

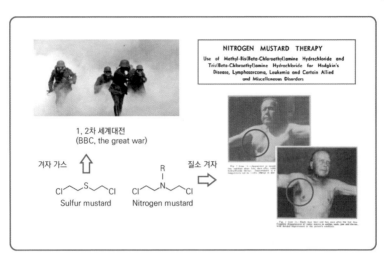

[그림 2] 세계 최초의 화학요법 개발 1: Nitrogen mustard

세계 최초의 화학치료법 개발 역사. 예일대학교에서 1차 세계대전 겨자 가스(sulfur mustard) 전사자 부검을 통해 백혈구가 현저히 줄어든 것을 발견함. 이 현상을 백혈병 치료에 적용해서 임상시험을 설계함. Goodman과 Gilman 박사가 1942년 질소 겨자 (nitrogen mustard)를 림프육종 치료에 사용해 좋은 결과를 얻음. 방사선 치료에 재발한 종양이 질소 겨자 처치 후 8일 만에 사라짐. 질소 겨자를 계기로 항암제 화학치료 패러다임이 시작됨. 임상 자료는 비밀 유지되다가 2차 세계대전 이후 논문 발표(JAMA vol 132, p126, 1946)

대학교에서 루이스 굿맨Louis Goodman, 1906-2000과 앨프리드 길먼 Alfred Gilman, 1908-1984 박사가 질소 겨자nitrogen mustard를 Hodgkin 림프종 및 기타 유형의 림프종 및 백혈병 치료제로 인간 환자에게 시험하였다[2]. 그 결과 매우 효과가 좋은 것으로 밝혀졌으나 군사 기밀로 분류되어 공개할 수 없었고, 1946년 슬로안 케터링 암 연구소 (MSKCC) 주도로 대대적인 임상시험이 진행되었다. 1945년 2차 세계대전 이후에 군사 기밀이 해제되자, 좋은 임상 결과를 바탕으로

1949년 마침내 질소 겨자가 세계 최초 화합물 항암제로 미국 식약처의 승인을 받았다. 질소 겨자가 어떤 작용으로 백혈병을 억제하는지 아무도 알지 못하던 중에도 이 약이 승인되어 임상에서 환자들에게 사용되었다. 1990년대에 와서야 이 약물이 DNA 알킬화 화합물이며, 아이러니하게도 과도하게 사용하면 해당 기전을 통해 오히려 암을 유발한다는 사실이 알려졌다. 즉, 항암제이자 발암 물질인 것이다. 이와 유사한 화합물들이 시리즈로 항암 효능을 인정받아 1970년대에 항암제로 등록되었는데, 아직도 사용되는 사이클로포스파마이드 Cyclophosphamide나 스트렙토조토신Streptozotocin이 대표적인 알킬화 화합물이고, 시스플라틴, 옥살리플라틴 같은 플라틴 계열의 화합물들도 알킬 그룹은 없지만 DNA를 망가뜨리는 알킬화 유사 화합물들이다. 겨자 가스 개발 초기에 적군을 죽이기보다는 부상자를 늘려서 전력을 떨어뜨리고자 하는 의도로 살상력이 떨어지는 안전한 화합물을 선택했고, 백혈구의 감소를 백혈병 치료에 적용한 우연한 발상이 항암제 신약의 발견으로 이어진 것이다.

결국 암을 치료하는 방법이 있다면 환자에게 적용하는 임상시험을 통해 화합물 신약을 개발하는 전형적인 연역적 암 치료법 개발이 뿌리를 내리게 되었다. 연역적이란, 보이는 현상 속에 진리가 숨어 있다는 것이다. 연역은 전제로부터 결론을 도출해내는 것이므로 일정한 명제를 출발점으로 한다. 논리적으로는 연역적 사고 역시 출발점은 결국 인간의 다양한 경험의 결과를 일반화하는 과정을 통해서 형성된다. "겨자 가스는 백혈구 증가를 줄인다. 백혈병은 백혈구 증가가 폭발적이다. 겨자 가스를 백혈병에 사용하면 백혈구 증가가 줄어들 것이다."

알킬화 작용(Alkylating agent mechanism)

DNA에 있는 염기의 알킬화는 그들의 세포 독성 및 항암 활동에 영향을 준다. 구아닌(N-7, O-6) 〉 아데닌(N-3 〉 N-1) 〉 사이토신(N-1) 〉〉 티민의 순서로 알킬화에 민감하게 반응하며, DNA 복제 중 예를 들어 G-C에서 G-T 시프트로 코딩 오류를 일으킬 수 있다. 그러면 DNA 복구가 이를 바로잡기는 하지만, 손상이 충분히 중대한 경우에는 손상된 세포가 자살 또는 세포 사멸을 시작한다. 이러한 작용은 세포 독성 혹은 항암 효능으로 나타난다.

adenine   guanine   cytosine   thymine

구아닌에 질소 겨자가 알킬화하는 구조. 구아닌에 상보적인 사이토신이 결합하지 못하고 엉뚱한 염기가 결합하게 되거나, 구아닌-구아닌 알킬 결합이 이루어져 DNA 정보가 망가진다.

한편 1928년 영국에서 루시 윌스Lucy Wills, 1888-1964 박사가 인도 섬유 산업에 종사하는 여성의 빈혈과 모성 사망률을 조사하기 위해

뭄바이로 건너가 흥미로운 발견을 했다. 인도에서 빈혈이 임산부의 생명을 위협하는데, 이 장애를 예방하고 치료하는 영양 요소를 효모에서 발견했다. 윌스 박사는 1931년에 이 요소를 "윌스 인자Will's factor"라고 명명하였으나, 1941년 미셸Herschel Mitchell, 1913-2000 박사가 이것이 엽산folic acid(비타민 B9)임을 밝혀냈다[3]. 그리고 1946년 빈혈 환자에 엽산을 처치해 호전되는 임상시험 결과를 볼 수 있었다[4]. 이 발견이 암 치료로 연결된 것은 경이적인 가설과 도전 정신이 뒷받침해 주었기에 가능했다. 1940년대 후반까지 소아 급성 림프모구성 백혈병(ALL)은 거의 100%의 환자가 사망하는 치명적 질병이었다. 적혈구 수혈과 항생제를 포함한 기본적인 형태의 치료만이 가능하여 진단 후 몇 주에서 몇 달의 생존율을 보였다. 시드니 파버Sydney Farber, 1903-1973 박사는 아동 병원과 하버드 의과대학 병리과에서 소아 백혈병과의 전쟁에 사용할 새로운 무기를 찾고 있었다. 이때 백혈병을 빈혈과 연결시켜 치료를 시도해 보고자 했고, 이는 전형적인 연역적 가설 방식이다. "빈혈은 적혈구가 적은 것이다. 엽산은 적혈구를 늘려 준다. 백혈병은 적혈구가 적으므로 엽산을 처리하면 적혈구가 늘어나 백혈병이 호전될 것이다." 과학계의 비난에도 불구하고 파버 박사는 1946년 적혈구의 증가를 기대하며 소아 백혈병 환자에게 엽산을 투여하였다. 그런데 결과는 대실패였다[5]. 가정과 반대로 시험 결과, 소아 암 환자는 백혈구가 두 배 빨리 증식했고 이로 인해 더 빨리 사망해 버린 것이다. 이쯤 되면 학자든 의사든 간에 다시 재기할 수 없는 실패의 상황이 아닐까? 그러나 파버 박사는

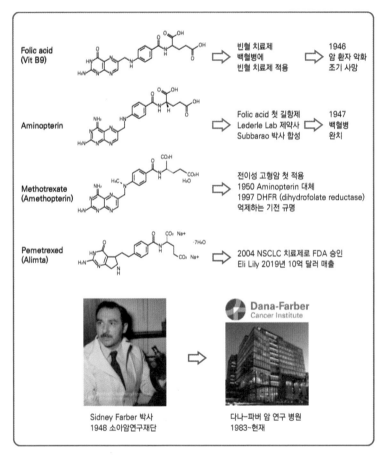

[그림 3] 세계 최초의 화학요법 개발 2: Anti-folate

세계 최초의 화학치료법 엽산 길항제(anti-folate)와 그 유도체. 처음에는 백혈병을 빈혈처럼 엽산으로 치료를 시도했으나, 백혈구가 폭증해서 환자가 조기 사망함. 2차로 엽산 길항제를 개발해 치료에 도전해 1947년 성공하며, 화학치료 패러다임이 시작됨. 시드니 파버 박사 (1903-1973)의 전통을 계승한 다나-파버 암 연구 병원이 세계 3위에 오름.

가설을 결과에 맞춰 재해석하였다 백혈구 증식에 엽산이 필요하다며 엽산 길항제를 사용하면 거꾸로 치료할 수 있다는 가설을 세웠다.

마침 같은 학교에서 근무하다 교수 임용에 탈락해 미국 사이아나미드 제약회사 레더리 연구소Lederle(현재 화이자 소유)에서 빈혈 치료제 엽산 합성을 연구하던 수바라오Yellapragada Subbarao, 1895-1948 박사에게서 엽산 유도체 중에서 길항제anti-folate, aminopterin를 공급받았다[6]. 1947년 드디어 새로운 무기를 소아 백혈병 환자에게 투여하자, 환자가 사망해야 할 시간이 지났음에도 오히려 뛰어놀기 시작했다. 백혈병에 관해 거의 모르다시피 한 상황에서 100% 사망하던 환자가 화학치료로 살아나기 시작한 것이었다. 그것도 황당한 가설과 거꾸로 된 결과, 그리고 알 수 없는 기전에 의해 소아 백혈병이 치료되었던 것이다. 엽산 길항제(아미노프테린)의 발견으로 1950년대 파버 박사와 수바로우 박사가 협조하여 메토트렉세이트methotrexate(최초 엽산 길항제의 유사체) 라는 안전한 엽산 길항제를 개발했고 초기에는 백혈병에, 그리고 점차 고형암에 항암제로 사용하게 된다. 그 후 40여 년이 지난 1997년 엽산 길항제는 다이히드로엽산 환원효소(DHFR)를 억제하여 퓨린 DNA 합성을 억제하는 것으로 밝혀졌다[7]. 그러나 메토트렉세이트는 발명 특허도 없고 신약 허가도 받지 않은 상태로 제조 판매되었다. 즉, 제너릭 의약품으로 판매된 것이다. 이와 같이 항암 표적도 알려지고, 길항제로 알려진 항암제가 있다면, 이를 근거로 새로운 신약 개발이 가능하겠는가? 대부분은 가능성이 없다고 생각할 것이다. 하지만 2004년 일라이릴리Eli Lilly 제약사는 이와 유사한 물질 페메트렉시드 pemetrexed(Alimta 알림타)를 만들어 시스플라틴과 병용 처리하는 소세포 폐암 치료제로 허가받고, 2019년 기준으로 연간 약 10억 달러 이상을 판매하고 있다[8]. 여기에 중요한 깨달음이 있다. 결국, 모든 항암 치료제의 꽃은 구체적인 적응증indication인 것이다. 항암 효능이 어느 암종에 가장 잘 듣는지 찾아내는 팀에게 국가가 시장을 보장하는 것이다.

앞에서 예로 든 두 가지 화합물의 항암제는 사용되기 시작한 이후에 기전이 밝혀지면서 엽산 길항제는 대사억제 항암제anti-metabolite anti-cancer drug로, 질소 겨자는 알킬화 항암제alkylating anti-cancer drug로 분류된다. 알킬화 항암제는 질소 겨자, 니트로소우레아, 알킬 설포네이트 등 세 가지 그룹으로 나뉜다. 질소 겨자 그룹에는 현재 가장 널리 사용되는 사이클로포스파미드cyclophosphamide와 최초의 화합물 신약인 클로레타민Chlormethine이 포함되며, 니트로소우레아 그룹에는 스트렙토조토신이, 알킬설포네이드에는 부설판이 포함된다.

엽산 길항제는 대사억제 항암제에 속하지만 그 기전은 DNA 합성 억제와 관련이 있으며, 1940년대에 대사억제 항암제는 주로 DNA 합성과 관련이 있는 물질들로 개발되었다. 항대사물질은 퓨린 또는 피리미딘으로 가장하여 DNA의 구성 요소가 되는 화학 물질이다. 그들은 이러한 물질이 세포주기 S기에서 DNA에 합성되는 것을 방지하여 정상적인 발달과 세포 분열을 중단시킨다. 항대사물질은 또한 RNA 합성에도 영향을 준다. 이러한 대사억제 항암제는 1947년 처음 사용된 메토트렉세이트Methotrexate를 시작으로, 1953년 승인 받은 6 멜캅토퓨린Mercaptopurine, 6-MP, 1962년 승인받은 5 플루 오로우라실fluorouracil, 5-FU, 1967년 승인받은 하이드록시 카바마이드

Hydroxycarbamide, 1998년 승인받은 카페시타빈Capecitabine, Xeloda, 1995년 승인받은 젬시타빈gemcitabine, Gemzar, 2004년 승인받은 페메트렉세이드Pemetrexed, Alimta 등이 개발되고 있다. 또한 항대사물질 중 **항종양 항생제는** 세포 주기에 비특이적인 대사물질 계열의 약물이다. 그들은 DNA 분자와 결합하고 암세포 생존에 필요한 단백질 생성의 핵심 단계인 RNA(리보핵산) 합성을 방지함으로써 작용한다. **안트라사이크린 그룹**에는 1974년 승인된 독소루비신doxorubicin, Adriamycin, 이다루비신 등이 포함되며, **비안트라사이클린 그룹** 항종양 항생제는 1964년 승인된 악티노마이신-Dactinomycine-D, dactinomycin, 블레오마이신bleomycin 등이 포함된다.

1940년대에 항생제 분야에 대단한 발견들을 토대로 항암 효능 검색을 수행한다. 그리고 새로운 항암 효능 패러다임이 발견된다. 그것은 토포이소머라제 억제제인 캄토테신 개발이다. 캄토테신 Camptothecin은 1950년대 중국 남부가 원산지인 행복나무Camptotheca acuminata에서 처음 분리되어 1960년대에 항암 효능을 인정받고 1970년대 임상시험에 들어갔으나 백혈병에서 독성을 나타내 실패했다. 이후 1990년대 중반 캄토테신의 약리기전을 연구한 결과 **토포이소머라제 I Topo을 억제하는** 것을 발견하고, 이의 유도체를 개발해 난소암, 폐암, 유방암, 결장암에 대해 FDA 허가를 받는다. 그중에는 1996년 승인된 이리노테칸Irinotecan, Camptosar, 2003년 승인된 벨로테칸Belotecan, Camptobell, 2007년 승인된 토포테칸 Topotecan, Hycamtin 등이 포함된다. **토포이소머라제 II TopoII는** 세포 증식에 필요하고 암세포에 풍부하여 TopoII 억제제는 효과적인 항암 치료 작용을 한다. 이 그룹에는 1974년 승인된 독소루비신doxorubicin, Adriamycin과 1983년 승인된 에토포사이드etoposide, Vepesid가 포함된다.

도움이 필요한 환자가 있다면 싸우기 위한 무기를 꾸준히 개발해야 하며, 개발되고 나면 소비가 공급을 견인한다. 여기서 주는 교훈은 좋은 약도 중요하지만, 약이 잘 적용되도록 하기 위한 적용 연구와 임상시험 설계에 노력을 기울여야 신약으로 성공한다는 것이다. 더 쉽게 말하자면, 약효가 좋은 물질이 시장을 지배한다는 것이다. 흔히 시장을 두고 약을 개발하려고 하는데 그것은 매우 도전성이 부족한 전략이다.

2. 화학치료 그룹 II (1950~1970)
- 조합 치료와 비임상시험의 탄생

질소 겨자nitrogen mustard가 암 치료에 도움을 준다는 소식을 접한 많은 과학자와 의학자들은 다양한 화합물질을 시험하는 경주에 들어갔다. 1960년까지 질소 겨자, 항 엽산 및 퓨린 유사체 등에서 각각 다양한 유사체로 여러 화학요법제가 등장했다. 그러나 당시 과학계는 묵시적으로 한 가지 화합물을 환자에 투여하고 용량과 투여 시기만을 조절하는 것을 원칙으로 삼고 있었다. 이러한 접근의 가장 큰 과학적 한계는 모든 한 가지 원인에서 시작된 문제는 한 가지 해결책으로 귀결해야 한다는 전형적인 귀납적 사고였다. 아울러 의학적 한계는 한 가지 약물만 처치해도 환자들이 지옥같이 힘들어하는데 여러 가지 화합물을 줄 수 없다는 윤리적 의식이었다. 그러나 많은 암 환자가 질소 겨자나 메토트렉세이트 처치로 좋아지다가도 다시 암이 재발해 사망에 이르는 것을 목격하면서, 더딘 임상시험 속도가 다양한 시도의 발목을 잡는 것을 답답해했다. 이러한 문제를 고민하는 중에 뛰어난 수의사에 의해 해결책이 등장한다. 수의사인 하워드 스키퍼Howard Skipper, 1915-2006 박사는 1950년대에 암세포에 대한 화학요법 약물의 영향을 연구하기 위해 마우스 백혈병 세포인 L1210을 이용하여 정량적 동물 모델을 개발한다[1]. 이 연구의 가장 큰 의미는 과학적 근거가 없는 항암제 투여량에 의해서는 악성 세포 집단을 제거할 수 없다는 것을 발견한 것이다. 나아가 그는 이 모델을 이용하여 악성 세포가 다시 자라는 것보다 더 빨리 죽이기 위한 약물 또는 약물 조합의 투여 프로토콜을 개발했다. 이것은 비임상시험의 등장이며, 조합 치료는 임상시험의 발목을 잡고 있는 한계를 부수기 위한 좋은 증거였다.

미국에 암 전문 연구기관이 만들어진 것은 1937년 1차 국가 암법이 제정되고 국립암연구소NCI, National Cancer Institute가 만들어지면서다. 이 연구소에서는 치료법이 없는 암 환자들에게 무상으로 다양한 혁신적인 임상시험을 수행해 왔다. 1961년 드디어 NCI 주도로 이 답답한 화학치료를 뒤바꿔 놓을 혁명적 시도가 벌어진다.

오늘날 호지킨 림프종의 치료에 사용되는 VAMP 화학요법, 4가지 조합의 화학요법이 탄생한 것이다[2]. VAMP에는 항종양 요법으로 서로 협력하여 독립적인 경로에서 작동하는 4가지 약물인 빈크리스틴 V, Vincristine, 아메톱테린A, Amethopterin(이후에 Adriamycin(Doxorubicin) 으로 변경됨), 멀켑토퓨린M, Mercaptopurine(이후에 Methotrexate로 변경됨) 및 프레드니손P, Prednisone이 포함된다. 빈크리스틴은 1950년대에 장밋빛 대수리Catharanthus roseus 식물에서 골수 활성을 감소시키는 물질로 발견되었다. 따라서 백혈병 마우스 모델에서 좋은 항암 효과가 관찰 되어, 임상시험을 거쳐 1963년 Eli Lilly사의 Oncovin이라는 상품 으로 FDA 승인을 받았다. 이후에 빈크리스틴이 부분적으로 튜불린 단백질에 결합하여 튜불린 이합체를 중합하고 미세소관을 형성하는 것을 멈추게 하여 세포가 중기 동안 염색체를 분리할 수 없도록 하는 기전이 밝혀졌다. 최초의 유사 분열 억제 치료제anti-mitotic agent로써, 분열이 왕성한 암세포에 효과적이다. 아메톱테린은 메토트렉세이트와 같은 엽산 길항제이다. 멀켑토퓨린은 골수 활성 억제의 효능으로 발견된 약물이다. 따라서 백혈병과 자가면역질환에 사용되는 약으로 1953년 FDA 승인을 받았다. 그리고 이후에 포스포리보실 피로포 스페이트 아미도트랜스퍼라제(PRPP 아미도트랜스퍼라제)라는 효소를 억제하여 퓨린 뉴클레오티드 합성 및 대사를 억제하는 기전을 발견 했다. 프레드니손은 면역 체계를 억제하고 염증을 감소시키는 데 주로 사용되는 글루고고르디고이드 약물로써 1954년 FDA 승인을 받았다. 이들 4가지 약물의 부작용을 나열하면 다음과 같다. 감각의 변화, 탈모, 변비, 걷기 불편함, 두통, 신경성 동통, 허파 손상, 백혈구 감소(감염 위험을 증가), 구역질, 피곤, 발열, 구내염, 간 질환, 폐 질환, 림프종, 심각한 피부 발진, 설사, 메스꺼움, 구토, 식욕 부진, 위/복부 통증, 쇠약, 구강 궤양, 발열, 인후통, 쉽게 멍이 들거나 출혈, 눈이나 피부가 노랗게 변하고, 소변이 검고, 배뇨 시 통증, 검은색 또는 타르 색 변, 혈변, 혈뇨, 우울증, 등이다. 생각만 해도 죽어가는 사람이 연상될 정도로 끔찍한 부작용들이다.

에밀 프라이Emil Frei, 1924-2013와 에밀 프라이라이히Emil Freireich, 1927-2021 박사는 백혈병 환자에게 네 개의 화학요법 조합 처방을 제안하고, 지금까지 시도했던 약물의 양보다 더 많은 약물을 제안하는 대담하고 단호한 조치를 시도한다. 초기 몇 주 동안 아이들이 VAMP의 4가지 화학요법에 의해 죽음의 위기에 놓이자, 사회적 공분이 일었다 [3]. 사람들은 이들을 NCI의 백정이라 불렀고, 백혈병재단의 임상 지원마저 끊었다. 그러나 몇 주 지나자 어린이의 골수가 치유되고 차도가 나타났으며 많은 환자에서 백혈병을 발견할 수 없었다. 이것은 당시 기준으로 대성공이었다. 여기서 패러다임이 바뀐 것이다. 암 치료법은 조합 치료를 해야 효율적이라는 것이다. 그리고 새로운 패러다임이 등장한다. 조합 치료를 하기 위한 수많은 경우의 수를 동물 시험이라는 비임상시험으로 줄일 수 있다는 것이었다. 이 사건 들을 통해 현대의 항암 치료법 개발의 원칙적인 룰이 만들어진다. 그것은 암은 조합 치료를 해야 한다는 것과 그 적절한 조합을 찾기 위해 비임상시험이 전제되어야 한다는 것이다. 미국 NCI는 1989년까지 L1210 마우스 백혈병 모델을 이용해 항암제 효능 평가를 수행하여 수백 종의 항암제 후보를 선택하고, 임상시험을 수행하여 수많은 신약을 등록하게 된다. 백혈병 이외에 고형암 치료제를 찾기 위한 동물 모델을 만들기 위해 많은 과학자가 노력했고, 1962년 노먼 그리스트Norman Grist, 1918-2010 박사는 FOXN1 유전자의 결함이 있는 생쥐(돌연변이의 영향으로 털이 없어 nude mouse로 불린다)가 면역 기능 장애로 인해 인간 암세포에 대한 거부 반응이 없다는 점을 알게 되었다. 이점을 이용하여 1990년대부터 사람 유래의 고형암에서 기원한 암세포주 들을 nude mouse에 이식하여 항암 효능을 보는 in vivo test(xenograft)가 정착된다. 그래서 미국의 NCI는 지금도 60종의 인체 유래 암세포를 사용하여 항암 효능을 확인하는 임상 효능 테스트를 표준화하여 사용하고 있다[4].

1990년대까지 항암 효능을 보이는 물질로 선별된 화학치료제는 암을 죽이는 세포 독성 치료제로 분류되고, 2000년대부터 화학치료제는 표적치료제라는 이름으로 인산화효소kinase 억제제들이 개발된다. 이러한 인산화효소 억제제는 암세포에 돌연변이를 포함한 다양한 원인에 의해 특이적으로 활성이 증가하는 인산화효소를 억제하는 것을 목표로 한다. 그리고 2010년대부터는 돌연변이 인산화효소가 아니더라도 암 특이적 표적이 등장하면 이를 억제하는 억제제 개발이 추가된다. 그중에 대표적인 것이 암 특이적 대사 억제제들이다.

이러한 일련의 화학치료법이 초기에 정착하고 이후에 표적치료제와 면역치료제들이 개발되면서, 소아 급성 림프모구성 백혈병(ALL)은

1940년대만 해도 100% 사망하는 질병에서 약 80년 뒤인 2019년에는 100% 가까이 완치되는 질병이 되었다. 그리고 그 치료법으로는 46가지 이상의 화합물이 FDA 승인을 받았으며, 여러 치료법의 조합 치료로 처치가 이루어지고 있다. 1950년대부터 1990년대까지 개발된 화학요법 항암제들은 현재도 1차 치료제로 다른 조합 치료제와 더불어 다양하게 사용되고 있으며, 그 시장은 2027년까지 740억 달러(81조 원)에 이를 것으로 예상된다[5].

3. 화학치료 그룹 III (1971~현재)

탁솔(화학명 paclitaxel, PTX)은 한 시대를 뒤흔든 놀라운 항암제 발명 이야기이다. 이 화학치료제 개발은 새로운 신약 개발의 패러다임을 여는 중요한 사건이 되었다. 수십 년 걸린 신약 개발 프로세스는 많은 암 환자가 치유되는 데 도움을 주었고, 신약 개발 프로세스의 체계적 신속화를 가져오는 계기가 되었으며, 이제는 모든 프로세스가 10년 내에 신속히 끝날 수 있도록 발전했다. 탁솔로 인해 우리가 귀납적으로 찾을 수 없던 유사분열 억제라는 새로운 항암 기전과, 유사분열을 담당하는 미세소관 파괴라는 새로운 항암 표적도 찾아 낼 수 있었다. 그 발견의 시작은 1950년대로 거슬러 올라간다. 미국 NCI에는 전 세계 천연 자원에서 항암 효능을 test하는 부서가 있는데, 1955년 CCNSC^Cancer Chemotherapy National Service Center 부서로 설립되었다. NCI에서 이러한 항암 효능 물질을 찾는 프로그램을 진행하던 중에 1964년 태평양 주목Taxus brevifolia 껍질 추출물 중에서 항암 효능 물질을 발견했다. 그 껍질 추출물 중에서 활성 성분을 분리하고 1967년 미국화학학회에서 탁솔을 발표했다. 그 뒤 1971년 화학 구조를 발표했다. 1967년부터 1993년까지 임상시험에 필요한 모든 파클리탁셀은 태평양 주목의 껍질에서 생산되었는데, 나무 수확 과정에서 나무가 죽는 탓에 생태학적 문제가 대두되었다. 나무의 공급에 문제가 발생하자, 프랑스 CNRS연구소와 미국 NCI는 이를 반합성하는 방법을 찾기 위해 노력했다. 그리고 1995년 식물세포 발효 기술을 사용하여 파클리탁셀을 생산하면서, 더 이상 실제 주목 나무에서 재료를 채취하지 않게 되었다. NCI는 임상시험을 난소암과 흑색종으로 시행하여 1988년 유망한 효과를 발표했다. 그러나 물질이 공개된 항암제이므로 제조 판매에 나서는 회사가 없자 미국은 BMS 제약사에게 5년 제조 판매 독점권을 주며 마케팅 권리를 부여했다 (Hatch-Waxman법). 1990년 BMS는 Taxol이라는 이름으로 상표 등록을 하고 1992년 FDA 승인을 받았으니, 발견에서 상용화까지 28년이 걸린 것이다. 2018년까지 미국에서 탁솔은 유방암, 난소암, 카포시육종, 비소세포폐암, 췌장암 치료제로 승인되었고 BMS는 2000년 연 매출 16억 달러를 달성한다[1]. 화학치료제의 새로운 패러다임을 열어젖힌 탁솔은 확실한 생리적 현상에 근거하여 연역적으로 집근아였으며, 그 치료 표직은 면역관문 치료제와 마찬가지로 돌연변이가 아니라 암의 생리적 취약점인 빠른 생식을 공격했다는 데 있다. 이러한 노력은 약리기전을 나중에 찾아내는 약효 우선의 법칙을 보여준다.

파클리탁셀은 공개된 약물이고, 표적 또한 알려져 있는데 개량 신약을 만든다면 여러분은 적극적으로 동의하겠는가? 여기서 새로운 신약 개발 성공의 비결을 아브락산이 보여준다. 나노입자 알부민 결합 파클리탁셀 또는 nab- 파클리탁셀이라고도 하는 단백질 결합 파클리탁셀은 아브락산Abraxane이라는 상품명으로 2005년 젬시타빈과 함께 췌장의 전이성 선암에 대한 1차 치료제 희귀약품으로 지정되었다. 단백질 결합 파클리탁셀은 나노입자 알부민 결합(nab) 기술 플랫폼을 사용하는 동종 약물 중 최초로 개발되었다[2]. 파클리탁셀은 유방암과 난소암에 탁월한 효능을 보여주었으나, 아브락산은 췌장암에서 월등히 좋은 항암 효능을 보여주었다. 그래서 췌장암 1차 치료제 희귀약품으로 지정된 것이다. 같은 약물이라도 적응증이 확실히 차이가 난다면 적응증에 따라 새롭게 신약으로 승인받을 수 있다는 것을 보여준다. 미국은 희귀약품에 대해 7년간 제조 판매의 독점권을 부여하므로 7년마다 적응증 연장을 해 나가는 전략을 사용하기도 한다.

젬자Gemzar(gemcitabine을 포함한 브랜드)는 1980년대 초 일라이릴리 Eli Lily에서 처음 합성되었다. 젬시타빈은 합성 피리미딘 뉴클레오 사이드 프로드러그 - 데옥시시티딘의 2' 탄소에 있는 수소 원자가 불소 원자로 대체된 뉴클레오사이드 유사체이다. 이것은 새로운 DNA 뉴클레오타이드를 생성하는 데 필요한 효소 리보뉴클레오 타이드 환원효소(RNR)를 억제한다. 원래 항바이러스 치료제로 개발되었으나, 실험실에서 백혈병 세포를 죽이는 것이 관찰되어 1990년대 항암제 임상시험이 진행되었다. 그러나 임상시험에서 췌장암에 효과가 잘 나와서 1996년 췌장암 치료제로 FDA 승인을 받았고 그 뒤 비소세포폐암, 전이성 유방암의 치료제로 승인받았다. 모든 암에 잘 들을 것 같은 뉴클레오사이드 유사체이지만, 임상시험을 해 보면 특정한 암종에 더 효과가 잘 나타나는 것을 알 수 있다. 즉, 모든 약물의 임상시험의 중요한 결정은 임상 적응증indication을 잘 잡는 것이다. 젬시타빈은 화학치료법의 새로운 패러다임을 연 항암제이다. 이 약물은 표적이 정해졌고, 정확한 약리기전을 기반으로 만들어진 억제 유도체이다. 화학치료제의 1990년대의 발전 방향은 암의 성장에 필요한 표적을 정하고 이의 억제제를 개발하는 방식으로 시작되었다. 그리고 Gleevec의 개발 성공이 이런 개발의 움직임에 박차를 가하면서 인산화효소 억제제 개발의 표적치료제 개발에 화학요법이 몰입하게 된다.

4. 항암제 개발의 두 사단 (1971~현재)

닉슨 대통령은 세상에 암과의 전쟁을 선포하면서 국가 암 법 (1971.12.23.)을 서명했다. 이것은 당시 월남전으로 국고가 힘든 상황 속에서도 또 다른 전쟁을 벌일 만큼 암이 국가적 피해가 크고 위중했다는 것을 암시한다. 국가 암 법의 제정에 결정적 역할을 하고

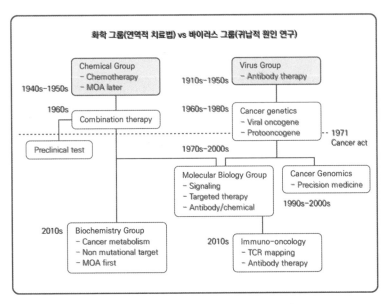

[그림 4] 항암치료법 연구 패러다임의 두 축

항암제 개발의 큰 두 축의 패러다임. 한 축은 연역적 경험론을 바탕으로 민간 주도의 화학치료를 시작으로 발전함. 다른 한 축은 귀납적 원인론을 바탕으로 국가 주도의 바이러스 발암 원인 규명을 시작으로 발전함. 두 축은 분자생물학 시대에 귀납적 패러다임에 화학치료와 항체치료 방법론으로 발전하고 있음. 가장 최신 패러다임은 종양 면역 치료(항체치료)와 암 대사 치료(화학치료)임. MOA: mechanism of action, TCR: T cell receptor.

20세기 초반부터 암 연구 및 치료를 획기적으로 발전시킨 목적은 같으나 철학이 다른, 즉 목표는 같으나 전략이 다른 두 사단이 있다. 한 사단은 메리 라스커Mary Lasker, 1900-1994 여사와 한 축이 된 민간 연구소들로 슬로안 케터링, 엠디 엔더슨, 파버연구소의 3대 민간 암 병원 연구기관이고, 또 다른 한 사단은 미국 정부와 한 팀이 된 버니바 부시Vannevar Bush, 1890-1974 박사 사단이다. 이 두 사단의 사상은 과학 발전에 지대한 영향을 미쳤다. 이들은 암을 정복하기 위해 같은 전선에서 싸움을 시작했으나, 점점 치료법을 향한 르네 데카르트의 합리적 연역론 방법론과 암의 원인을 찾으려는 프랜시스 베이컨의 실험적 귀납론 방법론으로 각각 갈라져 발전하기 시작한다. 1938년 미국 정부 NCI의 초대 원장으로 연역적 항암치료법을 찾고자 했던 약사인 칼 보에틀린Carl Voegtlin, 1879-1960이 보여준다[1]. 그는 얼리히의 매독 치료제를 더 강화하여 암에 치료하고자 하였고 비소를 암 치료에 적용하고자 했었다. 그 이후 점차 원장들이 유전학자와 면역학자로 바뀌었으며, 현재는 귀납적 유전학자이며 유전체학을 창시한 프랜시스 콜린스Francis Collins, 1950-생존 박사가 미국국립보건원 NIH 총장을 맡고 있다. 가장 역사가 오래된 슬로안 케터링 암 연구소Memorial Sloan Kettering Cancer Center, MSKCC는 일관되게 새로운 연역적 치료법을 찾기 위해 노력하고 있으며, 초기에 코닐리어스 로드Cornelius Rhoads, 1898-1959 박사가 원장이 되어 질소 겨자 항암제로 백혈병을 치료하였고, 최근에는 종양 면역 치료제를 개척하여 CAR-T 치료제를 개발해 냈다. 현재는 암 대사 치료제를 연구하는 크레이그 톰프슨 Craig Thompson, 1953-생존 박사가 원장을 맡고 있다.

두 축은 20세기 초반, 처음에는 치료법을 찾고자 노력했다. 그러나 공교롭게도 1971년 암과의 전쟁이 시작되면서 두 사단은 갈림길로 들어선다. 첫 번째 사단은 1971년 민간인 주도 암 치료제 개발의 축인 세 군데로 요약되는데, 보스턴의 다나-파버 암 연구소Dana-Farber Cancer Institute, 뉴욕의 슬로인 케터링 암 연구소(MSKCC), 휴스턴의 엠디 앤더슨 암 연구소MD Anderson Cancer Center이다. 이들의 공통적 목표는 명백하게 효과 좋은 "새로운 암 치료법 도출"이었다. 그리고 "새로운 치료법"이 도출될 때면 종양학의 패러다임이 변화하는 놀라운 진보를 이루어 왔다. 그리고 이 모든 민간 단체에 자본을 끌어다 주는 데 지대한 공헌을 한 사람이 있는데 바로 매리 라스커Mary Lasker, 1900-1994 여사이다[2]. 광고 사업으로 엄청난 부를 얻은 남편 Lasker의 부인 Lasker 여사는 박애주의자로서, 남편이 암으로 사망하자 암을 정복하기 위해 다양한 노력을 기울였다. 하지만 당시에는 암에 대해 모르는 것이 너무 많아서 결국 연구를 통한 해결책을 찾는 것이 유일한 희망이라고 생각했다. 그래서 가진 자본의 많은 부분을 의학 연구를 촉진하는 데 사용하기 위해 1942년 Lasker Foundation을 설립 하였고 연구 지원을 통해 지금까지 90명이 넘는 노벨 수상자를 배출 하였다[3]. 그래서 라스커상Lasker Award에는 제2의 노벨상이라는 별명이 붙게 되었다. 그런 그녀의 신념은 "어떤 질병이든 고치는 데 영향을 줄 수 있는 중요한 요소가 반드시 있다"는 것이었고, 그것을 찾는 작업을 할 줄 아는 과학적으로 인정받는 의사가 필요했다. 때마침 하버드대학교에 파버 박사가 엽산길항제를 사용한 백혈병 치료로 널리 알려졌을 때였고, 파버 박사도 "어린이 암 연구 재단"을 설립해서 대대적인 치료제 연구와 임상시험을 원하고 있던 터였다. 두 사람의 공통점은 "치료제"였다. 즉, 합리적 연역론을 축으로 암 치료법을 찾고자 하는 노력이 시작된 것이다. 1969년 암 연구소를 준공하고, 1983년 다나-파버 암연구소로 통합하였다[4]. 현재 Dana-Farber는 암 치료에 있어서 세계 3위의 암 병원이다[5]. 이 두 사람은 국가가 나서서 암 연구와 치료제 개발을 위한 대대적인 투자를 하지 않는다면 해결할 수 없다고 판단하여 국회와 닉슨 대통령을 설득하는 데 큰 힘을 쏟았고, 국가 암 법을 제정하는 추진 세력이 되었다. 무엇보다도 라스커 여사는 박애 운동가로서 세 개의 대형 민간 암 연구 기관에 부유층의 기부를 경쟁적으로 촉발시키는 결정적인 계몽 운동에 앞장선 훌륭한 개혁가였다.

뉴욕에는 가장 오래전에 시작한 암 전문 연구 및 치료 기관으로 현재의 메모리얼 슬로안 케터링 암연구소Memorial Sloan Kettering Cancer Center, MSKCC가 있다. 1884년 뉴욕 암 병원The New York Cancer Hospital(이 병원의 이름 앞에는 최초의 병원이라는 의미로 정관사 The가 붙는다)으로 개원한 이 병원은 "암 방사선 치료"를 개발한 병리학자 제임스 유잉James Ewing, 1866-1943 박사의 기술과, 사업가이자 자선가인 더글러스James Douglas의 기금을 지원받아 "암 치료" 병원으로 성장하였다. 그러다가 여러 기금으로 병원에 연구소가 지어진 뒤(MSKCC), 1948년 코닐리어스 로드 박사Cornelius Rhoads, 1898-1959가 초대 원장을 맡아 대형 프로젝트로 진행한 임상시험이 바로 질소 겨자를 이용한 백혈병 치료였다. 이 임상시험의 성공으로 1949년 질소 겨자 중 하나인 mechlorethamine은 FDA에 첫 번째 화학 항암제로 등록되었다. 신약 개발이 약 판매의 제조업에서 신약의 특허권 및 제조 판매 독점권으로 경제적 이익 권리를 보장받는 개념의 새로운 산업의 길로 접어든 것이다. 아이러니하게도 MSKCC의 이념은 "산업적 부가가치"를 추구한 것이 아니라, 분명히 환자에 도움이 되는

"신치료법"을 찾고자 함이었다. 그러나 이러한 신치료법은 엄청난 부를 창출했다. 이러한 움직임은 라스커 여사나 파버 박사와 같은 대열에 서서 연역적 방법론을 이용하여 새로운 치료법의 패러다임을 찾아 개척해 나가는 큰 역할을 했다. 1971년 암과의 전쟁 국가 지휘부에 MSKCC가 참여했으며, 막대한 정부 지원과 기부금으로 성장하여 현재 세계 2위의 암 치료 병원으로 성장했다[6]. 이에 대응하는 중부의 암연구소가 설립된다. 엠디 앤더슨 병원MD Anderson은 1941년 Texas System 대학의 일부로 만들어졌다. 이 병원은 1971년 국가 암 법에 따라 미국 최초의 3개 종합 암 센터 중 하나로 지정되며, 가장 큰 암 연구소를 짓게 된다. 2020년 현재 51개 국립 암 연구소(NIH) 지정 종합 암 센터 중 "암 치료 분야"의 1위 병원으로 선정되었다[6].

다른 하나의 사단은 미국 정부 주도의 암 연구로서 2차 세계대전 때부터 전쟁 후에 이르기까지 미국 과학 정책을 이끌어온 MIT의 전기 공학과 교수인 부시Vannevar Bush, 1890-1974 박사 축이다. 부시 박사는 루스벨트 대통령 당시 최초의 대통령 과학 고문이 되었고, 기초과학 육성재단인 미국과학재단(NSF)을 설립 기획했으며, 1950년 해리 트루먼Harry Truman, 1884-1972 대통령이 법으로 공표했다[7]. 그리고 닉슨 대통령이 NCI 연구비를 증액하는 데 지대한 영향을 주었다. 부시 박사는 "정부 주도 기초과학 연구"가 국가 경쟁력에 핵심 요소라는 연구론의 신봉자였다. 그래서 NCI는 "암의 원인"을 규명하는 연구에 많은 노력을 기울이고, 원인 연구를 통해 해결책을 찾아야 했다. 그의 과학 사상 및 철학 배경은 두 번의 기초 과학적 성공의 경험에 기인한다. 첫 번째는 컴퓨터 개발로 산업 발전을 이룬 것이고, 두 번째는 "맨해튼 프로젝트" 총책임자가 되어 원자탄 개발로 2차 세계대전을 끝낸 것이었다. 1927년 그의 기초수학 연구를 토대로 최대 18개의 독립변수로 미분방정식을 풀 수 있는 아날로그 컴퓨터가 세계 최초로 개발되었고, 이를 차용한 제너럴일렉트릭은 전력 송전과 관련된 문제들을 모두 해결할 수 있었다[8]. 그 후엔 1940년 루스벨트 대통령으로부터 국방연구위원회 위원장을 임명받았으며, 원자탄 개발을 위한 "맨해튼 프로젝트"의 단장을 맡아 다양한 기초과학팀들과 더불어 많은 난관을 해결함으로써 핵무기를 성공적으로 개발하였다 [9]. 기초과학의 원리적인 이해를 통해 기계 및 무기를 개발하고, 이를 산업이나 국가적 문제를 해결해 나가는데 적용하여 대성공을 거둔 것이다. 이분의 이념과 함께 국립암연구소(NCI)는, 원리를 이해 해서 문제를 해결하는 방법을 찾는 전형적인 실험적 귀납론 사단으로 암 치료법을 찾고자 하는 노력을 시작해 나갔다. 이 방법론은 2000배나 늘어나는 국가 연구비에 의해 지대한 영향을 받았으며, 대학과 연구 기관은 모두 암의 원인 규명과 생리적 현상을 연구하기에 전념했다. 이 기초 연구 지원에 힘입어 바이러스 연구, 백신 연구가 주축을 이루기 시작했으며, 이후 유전학Genetics, 분자생물학, 프로테오믹스, 유전체학Geneomics 등 "암 발병 원인 규명" 연구가 중점적으로 발전 하게 되었다. 1970년대 당시 미국 암연구소(NCI)가 암의 원인에 충분한 자신을 가진 이유는 암의 원인이 바이러스일 것이라는 학계의 믿음 때문이었다. 1964년 영국 병리학자인 엡스타인Michael Anthony

Epstein, 1921-생존과 바이러스 학자인 바Epstein, Yvonne Barr, 1932-2016 박사가 사람 혈액암에서 바이러스를 발견하여 엡스타인-바 바이러스 Epstein-Barr virus, EBV로 명명하였고, 이 바이러스는 다양한 임파종의 원인임을 알게 되었다. 1911년 닭에서 바이러스가 암을 일으키는 것을 발견한 후, 사람의 몸에 암을 일으키는 바이러스를 처음으로 발견한 것이다. 1966년 RSV 바이러스에 의한 암 발생 원인 규명으로 라우스 Peyton Rous, 1879-1970 박사가 노벨상을 수상하자, NCI는 대대적인 바이러스 사냥과 치료 백신 개발에 나섰다. 이를 통해 바이러스가 인체 유전자를 조절하거나 변이시킬 수 있다는 것은 물론이고, 바이러스 기원의 암 유발 유전자viral oncogene를 발견하여 세상을 놀라게 했다. 그 이후 이러한 유전자가 바이러스에서 기원하지 않고 우리 인체 내에 잠자고 있는 원발암 유전자proto-oncogene임을 발견하고, 이를 처음 발견한 해럴드 바머스Harold Varmus, 1939-생존 박사도 2010년 NCI의 원장이 되었다. 그리고 암세포에서 수많은 돌연변이를 발견하여 그 유전자-단백질 기능을 찾고자 하는 분자생물학이 발전했다. 어마 어마한 분자생물학 기초 연구비가 투여된 NCI에서는 대책이 될 만한 신무기가 나오지 않고 있을 무렵, 노바티스 제약사와 다나-파버 암 연구소가 우연하게도 동시에 돌연변이를 표적하는 글리벡Gleevec 이라는 "표적 항암제"를 개발했다는 승전보를 올린다. 이 일을 계기로 대대적인 표적 찾기 유전자 서열분석에 들어갔으나 다시는 그렇게 좋은 "표적 항암제"는 나타나지 않았다. 글리벡의 표적은 필라델피아 염색체 이상과 연관이 있는 만성골수성백혈병chronic myelogenous leukemia, CML에 국한되는데, 이것은 일종의 유전병처럼 환자의 90%가 동일한 돌연변이를 가지고 있어서 좋은 결과가 나온 것이었기 때문이다. 그 이후 일부 암 치료에 도움이 되는 인산화효소를 표적으로 하는 항암제들이 우후죽순으로 개발되었으나 모두 임상시험에서 기대했던 환자 생존율 증가를 입증하지 못하였다. 임상에서 인산화효소에 대한 치료제가 시판되고 매우 큰 시장을 형성하고 있지만 모두 치료제라기보다는 기존 화학치료제보다 생존기간을 조금 더 늘리는 연명제에 가까웠다. 기대를 모았던 표적치료제가 1970년대에 개발된 화학치료제보다 환자의 암 재발률이나 생존에 명백한 도움을 주는 것을 입증하지는 못했다. 결과적으로 표적치료제로써 글리벡은 선두적인 위치에 있었지만 예외적인 표적이었던 것이다. 이 문제를 극복하기 위해 많은 팀들이 노력 중이지만 해결책은 아직도 없다. 이를 계기로 인체 유전자 서열분석the cancer genome atlas, TCGA을 연구하는 유전체학이 탄생했으나, 결국 암을 이루는 모든 암세포는 수만 개의 서로 다른 돌연변이 조합을 가진다는 허망한 결론에 도달했다. 즉, 보편적인 암의 원인을 찾을 수도, 일반적인 암의 치료법도 나올 수 없는 귀납법의 논리적 모순에 빠진 것이다. 그러던 중 암의 발생과 전혀 관련이 없는 면역을 보강하여 암을 치료로 하는 면역관문치료제 (키트루다, 옵디보)가 2017년 FDA의 승인을 받는다. 그리고 2021년 키메라 항원 수용체-T세포Chimeric Antigen Receptor-T, CAR-T 치료가 승인된다. 급기야 막다른 골목에서 문이 열린 것이다. 정부 주도의 암과의 귀납적 전쟁에서, 어마어마한 비용을 투자한 분자생물학의

"표적치료제"는 암이 재발하는 현상으로 막을 내리고, 천문학적인 비용이 투자된 유전체학으로는 단 한 가지의 치료법도 나오지 않았다. 이렇듯 정부 주도의 암 연구는 원인 규명을 내세우며 어마어마한 돈을 퍼부었지만 결국 엄청난 규모의 암 유전자 돌연변이(특히 고형암에서)를 이해하는 데만 성공했을 뿐, 암을 제어하는 데는 뼈아픈 패배를 했다. 반면에 원인과 전혀 무관하게 도출된 면역 관문 치료제나, 키메라 항원 수용체-T세포 치료제는 암 치료에 새로운 패러다임을 열고, 새로운 암 치료 시장을 열게 된 것이다. 하지만 면역 치료제는 혈액암에는 도움이 되나, 일반적인 고형암의 치료법이 될 수는 없다. 고형암은 암을 막으로 보호하고 있기 때문에 면역세포가 접근 자체를 할 수 없기 때문이다. 암의 종류마다 차이가 있지만, 면역관문치료제는 약 15% 정도의 환자에서만 부분적인, 또는 전체적인 효과가 있다는 한계가 있다. 그렇다면 이를 극복할 다음 전략은 무엇일까?

4

바이러스 그룹

항암제 개발 초기 두 번째 전선,
1960 ~ 현재

암의 원인이 바이러스로 굳어지면서 암과의 전쟁은 그야말로 바이러스와의 전쟁이 되었다. 엄청난 전쟁 자금이 두 갈래로 흘러들었다. 하나는 바이러스와 싸울 새로운 무기인 항체를 만드는 데에, 그리고 하나는 그 귀납적 현상을 설명할 과학적 이론 정립에 사용했다. 그리고 바이러스 유전자가 어떻게 사람에서 종양을 야기하는지 기전을 밝히는 연구가 진행되어야 했다. 이로 말미암아 다양한 분자세포생물학적 연구 실험법이 개발되고 과학 발전의 황금기를 이루었다.

바이러스 그룹

1911년 라우스Peyton Rous, 1879-1970 박사는 종양에 걸린 닭이 건강한 닭들에게 종양을 전염시키는 것을 보면서, 종양에 걸린 닭에서 무엇인가가 만들어져 전달된다고 생각했다. 그래서 닭의 종양에서 세포를 여과로 제거한 한 물질을 건강한 닭에 주입했다. 닭이 암에 걸렸고 닭의 종양 세포에 암을 옮기는 감염 물질이 세포보다 작은 바이러스가 포함되어 있다는 것을 발견했다[1]. 사람이 아닌 닭의 암에서 이론을 증명하여 한계가 있는 실험 결과이긴 하지만, 당시로서는 대단한 사고의 전환이 이루어졌다. 암의 원인을 전혀 모를 때 바이러스가 암을 일으키는 실험을 보여줌으로써, 모든 암의 원인이 아마도 바이러스성 감염일 것이라는 단서를 제공한 것이다. 하지만 모든 과학자가 그렇듯이 사람에서 증명되지 않았기에 이

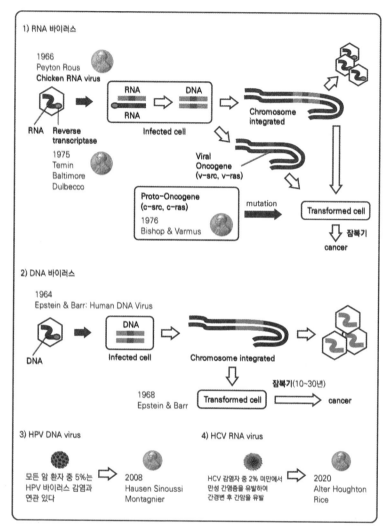

[그림 5] 바이러스에 의한 종양학 패러다임

바이러스에 의한 암 발생 패러다임. 1911년 라우스 박사가 닭의 육종에서 바이러스가
암을 일으키는 것을 발견했으나, 인체에서 발견될 때까지 발전이 없음. 1964년 엡스타인
박사가 인체에서 백혈병을 유발하는 바이러스를 발견해 본격적인 연구가 시작되어 NIH
주도 바이러스 패러다임이 크게 잉싱핌. 2008년 HPV, 2020년 HCV 빌임 기진 규명으로
백신 개발 성공 및 노벨상 수여. 전체 암 환자의 약 10% 정도가 바이러스 감염과 관련됨.

이론을 의심하며 경계하는 분위기였고, 포유류에서 재현되지 않아 한동안 침체기를 맞는다. 한편 1961년 병리학자인 영국의 엡스타인 Michael Epstein, 1921-생존 박사와 바Yvonne Barr, 1932-2016 박사는 우간다에서 진료 중이던 데니스 버킷Denis Burkitt, 1911-1993 박사로부터 "열대 지방의 흔한 소아암으로 듣도 보도 못한 질병(Burkitt lymphoma 라고 명명함)"이라는 강연을 듣고 공동 연구를 시작했다. 버킷 박사는 엡스타인 박사에게 종양 조직을 보냈고, 이들은 여기서 바이러스를 발견하여 논문을 발표했다(Epstein Barr Virus로 명명함, EBV)[2]. 드디어 사람의 종양에서도 감염되어 번식하는 바이러스가 발견된 것이다. 1968년 이들은 EBV를 혈액의 B 세포에 감염시켜서 세포가 죽지 않고 불멸화하는immortalization(암의 특징) 것을 증명했다. 이들의 노고로 더욱더 암의 원인이 바이러스로 굳어지며, 1966년 라우스 박사의 발견에 노벨상을 수여했다. 바야흐로 암과의 전쟁은 바이러스와의 전쟁으로 번진 것이다. 이러한 변화에 1960년대 NCI의 "특수 바이러스 암 프로그램"은 바이러스와 백혈병 사이의 인과 관계를 찾기 위해 시작한 이니셔티브 프로젝트이다. 그리고 1968년에는 바이러스 병인을 찾기 위해 다른 암들이 추가되었다. 1971년 암과의 전쟁 선포를 앞두고 암의 원인을 바이러스로 심증적 결정을 내리고 있었던 것이다. 이것은 베이컨 박사의 귀납적 과학 이론에 아주 적합한 이론을 제공해 주는 것이었기에 더욱 매력적인 이론이었다. 이제 원인을 알았고, 엄청난 전쟁 자금이 쏟아지니 두 갈래로 그 돈을 써야 했다. 하나는 바이러스와 싸울 새로운 무기인 항체를 만드는 데에, 그리고 하나는 그 귀납적 현상을 설명할 과학적 이론 정립에 사용했다. 그리고 바이러스 유전자가 어떻게 사람에서 종양을 야기하는지 그 기전을 밝히는 연구가 진행되어야 했다. 그 당시만 하더라도 기전 연구 mechanism는 이전에 생명과학에 없던 새로운 학문이었다. 당시 암을 연구하기 위한 학문은 생물학, 생화학, 유전학이었다. 생물학은 주로 바이러스를 중심으로 암을 이해하려고 하였으며, 전쟁 무기를 면역학에서 찾으려고 하고 있었다. 생화학은 단백질의 구조와 기능을 연구하는 학문이고 정상 세포와 암세포의 생리현상의 서로 다르며 취약한 부분을 공격하려고 하였다. 그리고 유전자의 생리적 현상을 연구하는 유전학이다. 고전적 유전학은 유전되는 생리적 현상을 주요 주제로 삼았지만, DNA 돌연변이에 의한 표현과 생리현상이 바뀌는 주제도 포함하게 되며, 염색체의 이상에서 병리적 현상으로 나타나는 대상을 선별 또는 공격 대상으로 찾으려고 했다. 그런데 종양학에서 바이러스 유전자가 어떻게 사람 유전자에 영향을 주어 단백질이 만들어지고 형질이 바뀌는지 탐구하여야 할 분야는 "핵산 돌연변이-단백질 돌연변이-기능 변화"로 이어지는 일련의 과정에서 분자의 변화를 연구하는 학문이며, 이것이 분자생물학이다. 생명 현상에 다양한 수요가 있었지만, 종양학의 현상을 설명하기 위해서 분자생물학은 폭발적으로 발전하게 되었다.

이러한 연구가 가능해진 것은 당시 혁신적인 첨단 연구 기법들이 등장했기 때문이다. 유전자 제한 효소가 발견되고, DNA 합성 및 대량 생산이 가능해지고, DNA 서열분석, 핵산 hybridization,

바이러스 벡터, X-ray 크리스털 분석, 세포 배양 등 다양한 분자세포 생물학적 연구 실험법이 개발되었다. 코로나 시대에 일반 상식이 된 PCRpolymerase chain reaction 원리와 기기도 이때 개발되어 확산되었다. 이 모든 실험 방법은 엄청난 자본을 요구하였으며, 전 세계의 석학들이 미국으로 짐을 싸서 달려가는 과학 발전의 황금기를 이루었다. 1975년 노벨상은 "종양 바이러스와 세포의 유전 물질 간의 상호작용에 관한 발견"으로 생물학자인 데이비드 볼티모어David Baltimore, 1938-생존, 바이러스 학자인 레나토 둘베코Renato Dulbecco, 1914~2012, 유전 학자인 하워드 테민Howard Temin, 1934~1994에게 공동으로 수여되었다. 1950년대에 이르러서야 특정 조건에서 바이러스가 포유류(쥐)에서도 백혈병 및 기타 종양을 유발할 수 있다는 것이 밝혀졌다. 또한 세포 배양법의 등장으로 바이러스에 의해 정상 세포에서 종양세포 성장 특성 유발 변화(형질 전환)가 실험실에서 성공할 수 있었다. 이 세 사람의 노벨상 수상자들은 실험을 통해 동물 및 세포배양에서 형질 전환을 일으킬 수 있는 여러 바이러스의 발견과 더불어 바이러스에 의한 형질 전환 기전을 규명했다. 세포의 염색체에 존재하는 것과 같은 유형의 유전 물질, DNA를 포함하는 바이러스와 다른 유형의 유전 물질인 리보핵산(RNA)을 포함하는 바이러스 모두 형질 전환을 일으킬 수 있음이 발견 된 것이다.

1970년대까지 생물학에 있어 central dogma는 "DNA에서 RNA가 만들어지고, RNA는 단백질을 만든다"는 것이었다. 그러므로 RNA를 포함하는 바이러스의 유전 정보가 어떻게 종양 세포의 DNA와 같은 유전 물질의 일부를 형성할 수 있는지 이해하는 것은 매우 어려웠다. 이를 설명하기 위해 테민은 형질 전환이 가능한 RNA 바이러스의 유전 정보가 DNA로 복사될 수 있고, 이 DNA가 DNA 종양 바이러스에 대해 기술된 것과 유사한 방식으로 세포의 유전 물질에 통합될 수 있다고 가정했다. 분자생물학의 패러다임을 바꿀 이 이론 역시 대다수 과학자가 central dogma에 위배되는 이단anomaly이라고 배척했다. 그러나 1970년 생물학의 성배holy grail와 다름없던 central dogma는 깨진다. 볼티모어와 테민은 각각 RNA에서 DNA 사본을 만들 수 있는 RNA 종양 바이러스에서 특정 효소를 발견했다. 이 효소를 역전사 효소reverse transcriptase라고 한다. RNA 종양 바이러스에서 발견되는 것과 일치하는 유형의 DNA 유전 물질이 세포에서 일반적으로 존재한다는 발견을 설명할 수 있게 된 것이다. 그리고 삽입된 바이러스 유전자는 인체 세포의 유전 물질 발현 도중에 기형적인 역할을 할 수 있음을 암시했다. 1970년 버클리대학의 스티브 마틴Steve Martin이 바이러스의 *src* 유전자가 실제로 바이러스 감염 시 종양 유전자oncogene로 작용한다는 것을 실험적으로 보여 주었다. 이 src 유전자의 기능 발견은 분자생물학적으로 어마어마한 충격을 가져왔다. 세포의 형질 변화를 유도하는 데 모든 바이러스 유전자가 필요한 것이 아니고, 일정한 DNA 서열이 들어있는 일부 정보로 가능하다는 새로운 이론이 성립됨으로써, 신호 전달signaling 이라는 개념이 일고기 된 것이다. 그리고 1976년 마이클 비숍Michael Bishop, 1936-생존과 해럴드 바머스Harold Varmus, 1939-생존는 RNA

바이러스의 종양 유전자oncogene가 반드시 바이러스에서 기원하는 것이 아니라 원래 우리 몸에 존재하던 원발암 유전자proto-oncogene 임을 입증했다. 그들은 RNA 바이러스 종양 유전자의 세포 기원을 밝힌 이 발견으로 1989년 노벨상을 받는다. 우리 몸 안에 존재하는 "암을 일으키는 종양 유전자 발견"은 세기적이며 획기적인 패러다임 전환이면서 놀라운 뉴스였다. 드디어 암을 정복하는 일은 시간문제인 것처럼 모든 뉴스에서 보도됐고, 종양 유전자 발견 경주가 시작되어 약 30여 종의 proto-oncogene이 발견되었다. 여기서 놀라운 유전학의 발전이 일어나게 된다. 암이 애당초 가지고 있던 DNA 유전 정보를 바이러스나 다른 발암 물질에 의해 변형되어 발생하는 질환이 된 것이다. 즉, 단순 바이러스 감염병에서 유전병으로 전환되고 이제 유전학의 영역으로 넘어가는 것이다. 하지만 독자가 명심해야 할 것은, 암은 체세포의 유전자를 망가뜨리므로 아래 세대로 유전되지 않으며, 그 유전의 성격은 너무 다양heterogeneous하다는 것이다. 즉, 감염으로 망가지는 유전자 발현은 세포마다 다르며 유전되지 않는다. 바이러스 종양 유전자의 발견은 전혀 예측하지 못했던 엄청난 실험 해석의 오류를 유발한다. 그리고 이 해프닝은 또 다른 패러다임의 변화를 가져온다. 그것은 전혀 생각지 못했던 "종양 억제 유전자tumor suppressor gene"의 발견이다. 종양학의 진정한 패러다임 전환이 드물 다는 것을 우리는 역사를 통해 보고 있다. 이러한 전환 중 하나는 암 유전학에서 종양 억제 유전자에 대한 이해와 이러한 게이트 키퍼가 암에서 수행하는 역할에 대한 이해였다. 처음으로 기술된 종양 억제 유전자는 p53이 아니라, 한때 일반적으로 유일한 유전암으로 여겨졌던 소아 안구 악성 종양인 망막모세포종을 유발하는 Rb 유전자가 차지했다. 그것은 작지만 그 충격이 크고 오래 간 해프닝에서 비롯된다.

DNA 종양 바이러스가 어떻게 암을 유발하는지 탐구하기 위하여 연구자들은 작은 DNA 종양 바이러스인 원숭이 바이러스 40simian virus 40, SV40에 집중했다. 이 바이러스는 작은 t 항원과 큰 T 항원의 두 가지 종양 항원을 가지고 있었다. 런던 임페리얼칼리지의 데이비드 레인David Lane, 1952-생존 박사는 라이어널 크로퍼드Lionel V. Crawford, 1932-생존 박사와 면역 정제된 큰 T 항원을 이용하여 항-T 혈청을 만들었다. 레인과 크로퍼드는 우리 세포 안에 있는 바이러스 단백질의 표적을 찾기 위해 항-T 혈청을 SV40으로 형질 전환된 마우스의 세포 추출물과 반응했다. 그리고 세포주에서 큰 T 항원과 53kDa (단백질 크기 단위, 이 경우 393개의 아미노산으로 구성된다)의 분자량을 가진 단백질을 면역 침전으로 발견했다. 1979년 이 발견으로 T-결합 숙주 단백질(p53)에 대한 연구 결과가 발표되었다. 즉 바이러스와 결합하여 암을 유발하는 종양 유전자라고 설명한 것이다. 비슷한 시기에 프린스턴 대학의 아널드 레빈 Arnold Levine 박사도 SV40에 의해 유발된 종양을 지닌 동물로부터 생성된 항혈청과 SV40에 의해 유발된 종양 추출물과의 반응에서 54kDa 분자량의 단백질이 상호작용하는 것을 보고했다. 누가 봐도 종양 유전자의 리셉터처럼 보인 것이다. 실제로 많은 과학지와 논문들이 10여 년간 p53을 종양 유전자로 간주하는 실수를 할 수밖에 없었다. 그러나 1989년 버트 보겔슈타인Bert

Vogelstein, 1945-생존과 아널드 레빈 박사는 p53 유전자가 정상적으로는 종양 억제 유전자이나, 돌연변이 된 p53 유전자가 기능을 상실함으로 종양 유전자 역할을 하는 것으로 발표하였다. 10년 전 "종양 유전자 결합 숙주 단백질"에서 "종양 억제 유전자"로 180도 바뀌어 버린 것이다. 그러나 정상 p53 단백질이 종양 억제를 하는 것이 확실하나, 돌연변이 p53 단백질은 종양 억제 기능을 상실한 것이냐loss of function 혹은 종양 단백질의 기능을 확보한 것이냐gain of function를 두고 여전히 논란이 계속되고 있다. 1980년대 분자생물학이 절정기를 이룰 때 어떻게 이런 대단한 실수를 장기간 할 수 있었는지, 우리가 두고두고 되새겨 봐야 할 사건이다. 그것도 유명하다는 선두 종양 연구 그룹과 세계 최고의 연구 잡지들에 실린 수백 편의 논문이 p53을 종양 유전자로 해석하는 연구 결과를 발표한 것은 종양 유전자 패러다임에서 벗어나지 못한 과학의 한계가 아니었나 생각한다. 이런 복잡한 발견의 문제로 지금껏 아무도 p53으로 노벨상을 받지 못한 것인지도 모른다.

p53보다 다소 늦은 1984년 발견된 Rb 유전자(망막모세포종retinoblastoma)의 종양 억제 기능은 p53의 종양 억제 기능보다 앞서 발표되어 첫 번째 종양 억제 유전자가 되었다[4]. 비활성 망막모세포종 유전자(돌연변이 Rb 유전자)를 유전 받은 환자들 사이에서 이차 원발성 종양의 높은 발생률을 보임에 따라, 이 암 억제 유전자가 여러 다른 원발성 악성 종양의 병인학에서 중요한 역할을 한다는 것을 보여주었다. pRbRb protein는 DNA 복제 인자의 전사 억제를 통해 DNA 복제를 가역적

으로 억제하는 능력이 있다. pRb는 E2F 계열의 전사 인자에 결합하여 기능을 억제하는 것으로 알려졌다. DNA 손상 화합물인 시스플라틴으로 처리된 정상 세포는 세포주기가 정지되는데, pRb가 knock out된 세포에서는 시스플라틴으로 세포주기 정지 없이 계속 증식할 수 있었으며, 이는 pRb가 유전 독성에 대한 반응으로 만성 S-기 정지를 유발하는 데 중요한 역할을 한다는 것이다. 1992년 두 유전자의 유전자 소실 생쥐knock out mice를 만들어 종양 형성에 취약한 것을 발견하면서 그 암 억제 기능이 알려졌다. 이와 같이 유전자의 돌연변이가 유전자의 기능 상실loss of function을 가져와서 암을 유발할 수 있음을 규명한 동물 실험 방법을 개발한 공로로, 마리오 카페키Mario Capecchi, 1937-생존, 마틴 에번스Sir Martin Evans, 1941-생존, 올리버 스미시스Oliver Smithies, 1925-2017 박사는 2007년 노벨상을 수상했다. 이들은 세계 최초로 쥐의 배아줄기세포에서 유전자를 표적으로 하여 knock out하는 기술을 개발하여 쥐에서 단일 유전자 표현형의 변화를 관찰함으로써, 각각의 유전자가 정상과 질병에 어떠한 기능을 하는지 규명하는 knock out mice 실험 방법을 개발했다. 유전자의 발견이 아닌 유전자의 기능을 증명한 과학자들이 새로운 패러다임을 연 것이다.

이후로 *APC*APC, Adenomatous polyposis coli 유전자의 돌연변이가 결장직장암을 유발할 수 있다는 것을 발견한다. 가족성 선종성 용종증Familial adenomatous polyposis, FAP은 APC 유전자의 유전된 불활성화 돌연변이에 의해 발생한다. 윈트 베타-카테닌Wnt/β-catenine 신호

전달은 세포의 증식, 분화, 이동, 세포 사멸 및 줄기세포 재생을 비롯한 주요 세포 기능을 조절하며, 암세포에서 활성화되어 있다. 이렇게 중요한 윈트 베타-카테닌 활성은 APC 단백질에 의해 억제된다. APC가 정상적으로 활동하는 경우 베타-카테닌에 의한 세포 분열을 자극하는 유전자가 자주 켜지는 것을 방지하고 세포 과성장을 방지하는 역할을 한다. APC 비활성화 돌연변이를 가진 사람에서 40세까지의 대장암 위험은 거의 100%이다.

2019년 피터 랫클리프Peter Ratcliffe, 1954-생존, 그레그 서멘자Gregg Semenza, 1956-생존, 윌리엄 케일린William Kaelin Jr., 1957-생존 박사는 *VHL* 유전자 돌연변이가 암 발생 및 혈관 신생 촉진과 관련이 있음을 증명하여 노벨상을 수상했다. 정상적인 pVHL 단백질은 저산소증 유도인자(HIF-1α)의 유비퀴틴화 및 후속 분해에 관여한다. HIF-1α는 혈관내피성장인자(VEGF) 등 다수의 혈관 신생 관련 인자의 발현을 유도하는 전사인자이다. 그러나 돌연변이 pVHL은 HIF-1α를 분해하지 못해 HIF-1α의 활성이 증가하여 혈관 생성이 증가하고 암이 잘 성장하게 된다. 많은 신장암 세포에서 VHL의 돌연변이가 관찰되었고, VHL-결함 신장암 세포는 산소가 풍부한 환경에서도 HIF-1α의 연속적 활성화를 보인다. VHL 관련 암 치료 표적으로는 VEGFR나 PDGFR과 같은 혈관 생성인자 수용체가 있고, 치료제로는 티로신 인산화효소 억제제들로써 2005년 소라페닙(sorafenib: VEGFR, PDGFR, RAF 인산화효소, Bayer), 2006년 수니티닙(sunitinib: 다중 수용체 티로신 키나제 RTK를 표적, VEGFR, PDGFR, Pfizer), 2009년 파조파닙(pazopanib:

VEGFR, PDGFR, c-kit, FGFR, Novartis), 2011년 액시티닙(axitinib: c-kit 및 PDGF, Pfizer) 억제제가 FDA의 승인을 받았다.

현재 전 세계 암의 약 10%가 바이러스 감염에 기인하는 것으로 추정된다[3]. 이것은 1971년 전쟁을 선포하며 믿었던 100%와는 엄청난 괴리가 있다. 즉, 암 연구의 방향뿐 아니라 암 치료제 개발의 방향도 대폭 수정될 수밖에 없었다. 그러니 다양한 치료법과 학문이 등장한다. 발암성 바이러스는 다양한 종류의 DNA 및 RNA 바이러스를 포함하며 여러 단계의 과정을 거치는 다양한 메커니즘에 의해 암을 유발한다. 바이러스 연구의 공통된 현상은 수년 동안의 만성 감염 후에 감염된 사람 중 소수에서 암으로 발생한다는 것이다. 가장 많은 암 사례와 관련된 바이러스는 자궁경부암 및 기타 여러 상피 악성 종양을 유발하는 인유두종바이러스(HPV)와 간세포암의 대부분을 차지하는 간염 바이러스 HBV 및 HCV이다. 자궁경부암을 유발하는 HPV 바이러스 발견과 그 종양 생성 기전을 밝혀 2008년 노벨상을 수여했고, HCV 발견과 그 감염이 유발하는 만성 간 염증을 통하여 간경변과 간암을 유발할 수 있다는 발견으로 2020년 노벨상을 받았다. 다른 종양 바이러스에는 엡스타인-바 바이러스(EBV), 카포시 육종 관련 헤르페스 바이러스(KSHV), 인간 T 세포 백혈병 바이러스(HTLV-I), 및 메르켈 세포 폴리오마바이러스(MCPyV)가 있다. 이들의 감염 여부는 진단을 통해 알 수 있으며, 일부 암은 바이러스 항원에 대한 백신을 통해 예방할 수 있게 되었다. 이러한 노력으로 적어도 선진국에서는 바이러스 감염에 의한 암 발생 및 사망은 현저히 줄어들었다.

5

유전체 그룹

바이러스 그룹에서 발전한 분석 그룹,
2000년 ~ 현재

암의 원인을 연구하는 그룹에서는 바이러스가 DNA를 변형시키고, 이상 생리
현상이 일어나 암의 표현형이 만들어진다고 정리했다. 하지만 고형암들은
바이러스와 무관한 경우가 대부분이라서 새로운 정보와 전략이 필요했다. 이때
영국 생화학자인 프레더릭 생어가 DNA 분석 이론과 방법을 찾아내어 최초의
유전체 및 생체정보학이 시작되었다. 그러나 유전체 돌연변이 집합과 약물의
작용기전의 상호 연관관계를 설명할 방법이 없었다.

유전체 그룹

멘델의 법칙은 1865년에 학계에 보고를 하였지만 그 당시 멘델의 발견을 이해하는 사람이 거의 없어 약 40년간 학계의 관심을 받지 못했다. 1905년 윌리엄 베이트슨William Bateson, 1861-1926 박사가 멘델의 유전법칙을 재발견하면서 유전학이라는 용어를 처음으로 사용했다. 베이트슨은 1906년 런던에서 열린 제3차 국제 식물 잡종 연구 콘퍼런스에서 자신이 재발견한 멘델의 유전법칙을 발표하였고 이와 관련한 학문에 유전학이란 이름을 붙여 세계적인 명성을 얻게 되었다. 생물학에 새로운 유전학의 패러다임을 만든 것이다. 그리고 1911년 토머스 모건Thomas Morgan, 1866-1945 박사는 눈이 흰 돌연변이가 발현한 초파리를 이용한 실험에서 생물의 유전 물질이 염색체에 있음을 증명하였다. 암이 아닌 유전의 영역에서 유전과 관련한 물질이 염색체에 있다는 것을 발견한 이후에도 과학자들은 정확히 염색체의 어떤 성분이 유전에 관여하는지 밝혀내지 못하고 서로 의견이 분분했다. 염색체는 DNA와 탄수화물, 단백질이 엉켜 있는 구조였기 때문이다.

> **염색체 :** 과학자들이 세포를 관찰하고 싶다면 세포를 염색해야 현미경으로 관찰할 수 있다. 이때 다양한 염색 물질이 사용되는데 염색체의 주된 성분인 DNA는 음이온을 많이 가지고 있어 양이온을 가진 염색 물질에 의해 주로 염색이 된다. 이러한 현상을 바탕으로 유전 정보를 가진 DNA가 주로 위치한 세포 부위를 염색체라고 표현을 하게 되었다.

1928년 그리피스Frederick Griffith, 1877-1941는 실험을 통해 박테리아의 형질 전환을 발견하였다. 그의 실험은 유독한 폐렴쌍구균(S형)에 열을 가하여 파괴하면 독성이 사라지지만, 무해한 폐렴쌍구균(R형)에 이미 열처리하여 독성이 사라진 S형 균을 넣자 모두 독성을 지니게 되는 것을 관찰하였다. 1944년 에이버리Oswald Theodore Avery, Jr. 1877-1955는 그리피스의 실험을 훨씬 정교하게 통제하여 열처리한 S형 균을 탄수화물, 단백질, DNA로 구분하여 R형 균에 투입하였고, 그 결과 DNA가 형질 변환의 원인임을 밝혀냈다. 1952년 허시Alfred Hershey, 1908-1997와 체이스Martha Cowls Chase, 1927-2003 박사는 박테리오파지를 이용한 허시-체이스 실험을 통해 DNA가 유전 물질임을 밝혔다[1]. 분자생물학 방법으로 유전학의 질문을 해결한 것으로 분자유전학이 시작되는 것이다. 이 실험에서 확실하게 단백질은 유전 물질일 가능성이 없지만, DNA는 가능성이 있음을 보여주었다. 하지만 허시 박사는 DNA 자체가 유전 물질이라는 결론은 내리지 못하고 유전에 어떤 특정한 역할이 있을 것이라고 했다. 한편, 왓슨과 크릭 박사는 유전 물질인 DNA가 세포에서 발견되는 수천 개의 단백질 합성을 담당한다고 제안했다. 그들은 두 거대분자 사이에 존재하는 구조적 유사성에 근거하여 이 제안을 하였지만 실험적으로 증명하지는 못했다. 이를 결정적으로 풀어준 과학자가 니런버그Marshal Nirenberg, 1927-2010 박사이다. 니런버그 박사는 1961년 국제생화학회에서 UUU가 우라실 아미노산 정보를 가진다는 것을 실험적으로 증명하여 발표했다[2]. 학회 발표에 제일 기뻐한 사람은 왓슨과 크릭 박사였다. 이 결과로 그들의 이론은 1962년 노벨상을 수상하고, 니런버그 박사는 20개 아미노산의 코돈을 다 풀고 1968년 노벨상을 수상했다. 허시 역시 연구의 공로로 1969년 노벨상을 수상했다. 이제 DNA가 유전 물질이고 생리현상에 결정을 내리는 정보를 가지고 있으며, 그 작동이 어떻게 이루어지는지 알게 된 것이다. 1971년 암과의 선전포고를 앞두고 과학계는 이미 승리의 분위기가 넘쳐났다.

암의 원인을 연구하는 그룹에서는 바이러스가 DNA를 변형시키고, 이상 생리현상이 일어나 암의 표현형이 만들어진다고 정리했다. 하지만 고형암들은 원종양 유전자 활성화만으로 암 발생이 일어나는 경우가 드물고, 바이러스와 무관한 경우가 대부분이라서 새로운 정보와 전략이 필요했다. 그래서 DNA의 변형이 그 공격 대상으로 떠올랐으며 공격 가능한 무기를 찾고 있었다. 이때 영국 생화학자인 프레더릭 생어Frederick Sanger, 1918-2013는 분자생물학의 발전에 지대한 공헌을 하는 DNA 분석 이론과 방법을 제공했다. 생어는 1955년 인슐린의 단백질 구조를 완벽하게 분석했으며, 이 공로로 1958년 노벨 화학상을 수상했다. 이후 생어는 그의 연구 기술을 발전시켜 DNA의 염기서열을 밝힐 수 있는 방법을 찾아냈고, 이로써 게놈의 염기서열을 밝힐 수 있었다. 생어는 이 공로로 1980년 또다시 노벨 화학상을 받았다. 그는 생애에 두 번 같은 분야로 노벨상을 수상하는 영예를 얻었다. 이 기술을 계기로 1983년 미국의 생화학자 캐리 멀리스Kary Mullis, 1944-2019 박사는 중합 연쇄 반응(폴리메라아제 연쇄 반응, PCR)을 개발해 DNA의 염기서열의 확인 속도를 획기적으로 개선하였다. 이 방법은 DNA의 특정 구간을 신속하게 복제하여 동일한 DNA의 양을 실험에서 쉽게 확인할 수 있도록 증폭시키는 것이다. 이 방법으로 DNA의 염기서열 확인이 쉽게 되자 곧바로 발암 DNA 인식에 사용되었다. 멀리스는 이 공로로 1993년 노벨상을 받았다[3].

최초의 유전체 및 생체정보학 시작은 영국 케임브리지의 분자생물학 센터MRC center의 생어 박사에 의해서였다. 그의 최초의 유전체 서열 해석은 파이 x174라는 바이러스였다. 이 연구 결과는 많은 사람이 유전체와 생체정보학의 중요성을 깨닫는 계기를 제공했다. 곧이어 그는 미토콘드리아 유전체 서열을 생신했다. 이러한 결과에 자극을 받은 미국 연구자와 정치가들은 인간 유전체 프로젝트를 하게 되었다.

또한 생어가 궁금해했던 것은 자신이 해석한 모든 유전자의 총합인 유전체가 실제로 세포 내에서 모두 단백질로 발현되는지였다. 그래서 생어는 존 워커John Walker, 1941-생존를 채용해, 세포를 깨서 얻은 단백질을 여러 가지 방법으로 동정하는 작업을 시작했다. 이것이 최초의 단백체학이다. 존 워커는 세포 내에서 가장 중요한 미토콘드리아 단백질들을 많이 밝혀냈고, 미토콘드리아의 산화적 인산화 최종 단계인 F1 ATPase 구조 해석으로 1997년에 폴 보이어Paul Boyer, 1918-2018 박사와 노벨상을 받았다[4].

이제 암의 원인을 연구하는 과학자들에게 유전자를 분석할 방법과 분석 학문이 생겼다. 이러한 DNA 염기서열 확인 기술의 발달과 정보분석 방법의 발달로 2000년 콜린스는 생물학자 크레이그 벤터 Craig Venter, 1946-생존와 함께 인간 게놈 작업 초안을 발표했다. 그리고 2003년 인간 게놈 프로젝트가 완료되어 인간의 전체 게놈 지도가 완성되었다. 당연히 암의 원인 규명으로 시작된 1971년의 전쟁 목표 달성이 코앞에 다가온 듯했다. 이제 암 종별로 공통적인 돌연변이를 찾으면 이를 공략해 암을 정복하려고 준비 중이었다. 하지만 분위기는 어수선했다. 1990년대 말 게놈 지도로 사업이 크게 성공할 것 같고 벤터 박사가 대표로 있던 셀레라Celera co는 무엇인가 어수선한 분위기 였다. 당시 NCI에는 공공연하게 인체 유래 암조직에서 어마어마한 돌연변이가 발견되어 이의 의미를 연구하는 데만 수백 년이 걸릴 것이라는 소문이 돌았다. 초기에 같은 암종의 암유전체를 조사하려던 목적은 암을 유발하는 공통적인 smoking gun(암의 원인이 될 만한 돌연변이)을 찾으려는 것이었다. 그러나 그렇게 공통적으로 중요한 돌연변이는 찾지 못했다. 이것을 정보량quantity의 문제라 판단하고 대대적인 유전체 연구를 시작한다. 2005년 드디어 NCI와 국립인간 게놈연구소National Human Genome Research Institute의 공동 노력으로 TCGAThe Cancer Genome Atlas 사업을 시작하고, 게놈 시퀀싱 및 생물 정보학을 사용해 암을 유발하는 유전적 돌연변이를 모두 정보화했다. 획기적인 암 유전체학 프로그램인 TCGA는 20,000개 이상의 원발성 암을 분자적으로 특성화하고 33개 암 유형에 걸쳐 정상 샘플과 비교 했다. TCGA는 이 질병의 유전적 기초에 대한 더 나은 이해를 통해 암의 진단, 치료 및 예방 능력을 향상시키기 위해 고능력 게놈 분석 기술을 적용했다. 하지만 그 결과 오히려 모든 암세포가 서로 다른 수만 가지의 돌연변이 조합을 가지고 있어 특정 원인 유전자나 유전자 패턴을 찾을 수 없다는 다형성heterogeneous 성질을 발견했다. 이것은 대참사였다. 지난 50년간 바이러스부터 시작해 생화학, 분자생물학, 유전체학, 정보학까지 총동원해 어마어마한 연구비를 쏟아부으며 암을 이해할 수 있는 방대한 분량의 원인과 기전을 밝혀냈으나, 이것을 결정적으로 조절할 만한 근거를 하나도 발견하지 못한 것이다. 이 방대한 정보를 어디에 쓸까 고민하던 중, 각 환자의 유전 정보를 화학 조합치료법이라는 데 적용한다. 즉 수많은 조합의 경우의 수를 유전자 돌연변이 유형별로 구분하여 임상시험을 하도록 경우의 수를 줄이고 선택적 생존율을 높이는 노력이 시작된다. 이것을 정밀 의학 precision medicine이라고 한다. 단순히 정상과 암 조직만을 비교한다고 하더라도, 암에 걸린 사람과 정상인 사람이라는 두 변수로 나눌 수 있는 것이 아니다. 고형암의 경우를 예로 들면, 연령과 성별, 진단 시점, 1차 치료 방법, 동반된 화학요법 치료제, 치료 예후, 2차 치료법, 생존 기간, 치료 예후 등에 관해 통일된 환자의 진단 기록을 충분히 확보해야 하고, 유전자형 분석에서 비슷한 패턴을 보이는 경우를 모아야 한다. 또한 정상의 정의를 과학적으로 어떤 진단과 분석을 통해 정할 것인가도 중요하다. 결론적으로, 임상 정보를 구체화할 경우 전혀 통계를 유추해 낼 수 없을 만큼의 변수가 발생한다. 이 모든 것을 극복한다고 하더라도, 정밀의학 적용엔 또 다른 중요한 문제가 도사린다. 돌연변이 유전 정보와 약물의 약리 작용이 상호 어떤 관계인지 전혀 알지 못하기 때문이다. 즉 유전체 돌연변이 집합과 약물의 작용기전의 상호 연관관계를 설명할 방법interface이 없는 것이다. 결국 유전체학은 종양학의 패러다임을 바꾸지는 못했지만 새로운 패러다임을 보조해 주는 역할을 하고 있다.

6

분자생물학 그룹

표적치료 그룹, 바이러스 그룹에서 발전한
항암제 개발 세 번째 전선,
1980 ~ 현재

암 치료의 새로운 패러다임을 연 표적치료제 허셉틴(Herceptin)과 글리벡
(Gleevec)의 성공 신화는 정규 부대인 제약사에서 쫓겨난 사람들에 의해 시작
되었다. 이 성공 신화에서 보여주듯이 패러다임 변화를 만들어가는 새로운
이론과 과학 개념은 해고당하고 소외될 수 있는 도전이다. 바이러스에서
유전자로, 유전자에서 유전자-단백질-기능의 분자생물학으로, 유전자 돌연
변이의 신호 전달을 표적으로 하는 항체 치료로, 표적 화합물 치료로 발전하며
암과의 전쟁은 끊임없이 어려운 전선을 뚫고 나갔다.

분자생물학 그룹

분자생물학이란 어떤 유전 물질이 어떤 과정을 거쳐 어떤 단백질로 변화하는지 규명하는 생물학의 분과이다. 이 학문의 구성 요소는 분자적 수준의 구조 정보, 생화학적 수준의 반응 기전, 그리고 이러한 진행 과정mechanism을 통합하는 것이다. 이 학문의 시작은 다양한 분야에서 다발적으로 진행되었으나, 암 연구 패러다임에 크게 영향을 준 분자생물학적 진보의 시작은 크게 1952년 DNA가 유전 물질임을 실험으로 밝히고, 1953년 DNA의 구조를 밝히고, 1961년 DNA 염기 3쌍이 특정 아미노산을 만든다는 것을 밝힌 것이다. 암세포에서 특별히 변형된 유전자가 새로운 활성화 명령을 내려 주는데, 암세포의 생리적 표현형을 지니게 된다. 그 명령이 무엇이고 어떻게 작용할까? 이 질문이 80년대부터 90년대까지 20년간 분자

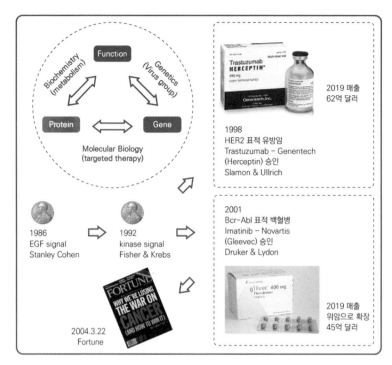

[그림 6] 분자생물학 발전과 표적치료 패러다임

바이러스 그룹에서 발견한 돌연변이들의 기능 및 기전을 연구하기 위한 분자생물학이 탄생함. 암 성장에서는 신호 전달이 중요하므로 이를 표적으로 하는 표적치료제가 개발됨. 1998년 항체치료제인 허셉틴과 2001년 화학치료제인 글리벡이 개발됨. 이후로 20여 년간 표적치료 패러다임이 지배하지만, 항암치료 후 암이 재발되는 한계에 부딪힘.

생물학을 뜨겁게 달군다. 암이 내리는 명령을 방해하면 암이 성장하는 것을 막을 수 있을 것이라는 단순한 가정이 큰 희망을 주었기 때문이다. 암을 연구하는 사람들에게 엄청난 영감을 준 것은 스탠리 코헨Stanley Cohen, 1922-2020 박사의 발견에서 기인한다. 그는 쥐의 발생에서 눈꺼풀이 열리는 것은 표피 성장과 각질화의 향상 때문이라는 것을 알았고, 눈꺼풀 열림 분석을 기반으로 이 효과를 담당하는 단백질을 분리하고, 1962년 현재 상피성장인자(EGF)로 알려진 단백질의 아미노산 서열을 발표했다. 그리고 이 EGF를 처리한 인체 편평상피암 세포(A431)는 엄청나게 빨리 성장하는 것을 목격했다. 그는 이 세포의 표면에 수용체가 있을 것을 제안하고, 1980년 EGFR을 발견하고 정제해 이것이 티로신 인산화효소(tyrosine 인산화효소)라는 것을 보고한다. 우리가 당연히 상식처럼 아는 세포신호전달signaling 연구의 시작을 알리는 발견을 한 그는 이 공로로 1986년 노벨상을 받았다 [1]. 하지만 1970년 스티브 마틴Steve Martin이 실제로 감염 세포의 형질 변화를 유도하는 데 모든 바이러스 유전자가 필요한 것이 아니라, 바이러스의 src 유전자가(v-src) 정보만으로도 종양 발생이 가능하다는 새로운 이론을 성립함으로써, 사실상 세포 내 신호전달signaling 개념의 원조가 되었다고 생각한다.

인산화효소(kinase) : 인산화효소는 ATP 를 이용해 단백질을 구성하는 20 개의 아미노산 중 세린(Serine, S), 트레오닌(Threnonine, T), 타이로신 (Tyrosine, Y)을 인산화할 수 있다. 이러한 인산화에 의해 해당 단백질의 활성이 조절되기도 하고, 그 외 매우 다양한 기능을 수행할 수 있게 해 준다. 단백질 인산화 효소는 크게 세린/트레오닌 인산화효소, 타이로신 인산화효소로 나뉜다. 사람에게 존재하는 단백질 인산화효소는 500 개 이상 된다. 단백질 이외에 지방이나 탄수화물을 인산화하는 효소도 많이 존재한다.

흥미로운 일은 단백질이 인산화효소에 의해 인산화된다는 것을 발견한 것은 훨씬 이전의 일이었다. 1950년대 중반 에드먼드 피셔 Edmond Fischer, 1920-2021와 에드윈 크레브스Edwin Krebs, 1918-2009는 포스포릴라아제phosphorylase가 기본적으로 새로운 메커니즘에 의해 비활성에서 활성 형태로 전환될 수 있음을 발견했다. 이것은 에너지가 풍부한 화합물인 ATPadenosine triphosphate를 이용해 인산화효소가 단백질로 인산염 그룹을 전달해 수행된다는 것을 발견했다. 하지만 그것이 얼마나 중요한 의미를 지니는지는 신호전달이라는 분자생물학이 열리면서 조명받게 되었다. 1986년 코헨 박사가 노벨상을 받은 후, 1992년 피셔와 크레브스 박사는 "생물학적 조절 메커니즘으로써의 가역적 단백질 인산화에 관한 발견"으로 노벨상을 받는다[2]. 하지만 대부분의 고전적인 생화학자들은 단백질에 생리적으로 가공되는 아세틸화, 아실화, 메틸화, 숙시닐화, 당고리화 등 다양한 변화 중에 하나일 뿐 인산화가 대단한 것이라고 생각하지 않는다. 1991년 본인이 NIH에 도착해서 재조합 인체 단백질을 박테리아에서 대량 생산하는 분자생물학적 기술을 배울 때, 고전적 생화학자들은 단백질에서 1개의 아미노산 서열만 바뀌어도 서로 다른 단백질이라고 주장했다. 그래서 생화학 저널에 논문을 싣기 힘들어지자, 분자생물학 저널들이 만들어지던 것을 기억한다. 기존 패러다임이 정착된 학문에 새로운 학문의 개념은 들어갈 틈이 없다. 암세포에 상피성장인자 수용체epidermal growth factor receptor, EGFR가 많다면 정상적인 상피성장인자epidermal growth factor, EGF 농도에서도 EGFR(HER1) 하위 생리 활성은 당연히 높아진다는 결과가 나왔다. 그러자 바이러스 그룹에서 오래전부터 가정해 왔던 암세포가 바이러스에 의해 분비하는 물질이 이런 수용체를 활성화해 종양을 빨리 자라게 하는 것으로 생각했다. 그러니 당연히 수용체를 억제하면 종양의 성장이 억제될 것으로 판단했고, 그래서 수용체를 공격하려는 비정규 전투팀이 생겼다. 이 가능성은 오래전에 피셔와 크레브스 박사가 효소의 인산화를 억제해서 생리적 활성 진행 과정을 억제할 수 있다는 이론에서 제안했었다. 비정규 전투팀이라고 표현한 이유는, 이를 표적으로 약물을 개발하려는 전략을 내세웠다가 정규 부대인 제약사에서 쫓겨난 서로 다른 두 팀이 신호전달 표적치료의 새로운 패러다임을 열고 40여 년 종양학 세상을 장악했기 때문이다. 그것은 허셉틴Herceptin과 글리벡 Gleevec의 성공 신화다. 이 성공 신화에서 보여주듯이 패러다임 변화를 만들어가는 새로운 이론과 과학 개념은 해고당하고 소외될 수 있는 도전이다.

1976년 종양사멸인자tumor necrosis factor, TNF의 암 특이적 억제 효과를 바탕으로 TNF를 암 치료제로 개발하기 위한 목적으로 샌프란시스코에 제넨테크 제약사Genentech가 설립됐다. 이름 그대로 분자 생물학을 실용화하겠다는 것이다Gene and Technology. 제넨테크에서 다양한 신약을 개발하던 중, 1985년 선임연구원이던 울리히Axel Ullrich, 1943-생존 박사는 당시 비숍과 발티모어가 발견한 바이러스 기원의 종양 유전자 v-src에 대응하는 원종양 유전자proto-oncogene c-src이 사람 유전자에 존재한다는 발견에서 영감을 얻어 닭 종양 유전자 v-erbB와 같은 기능을 하는 인간 유전자를 찾아냈다. 이를 인간 EGF 수용체2(HER2)라고 명명했다[3]. 이것은 1984년 로버트 와인버그Robert Weinberg, 1942-생존 박사가 발견한 생쥐의 neu 유전자와 거의 일치했다. 이후에 HER2 단백질의 각 기능 부위, 즉 세포외 도메인(ECD), 막횡단 도메인(TMD) 또는 인산화효소 도메인(TKD)에 발생하는 돌연변이는 정상적인 HER2 유전자 카피 수(정상적으로는 1쌍, 즉 2개)가 존재하는 경우에도 HER2 신호전달 경로를 활성화할 수 있다는 것을 발견했다[4]. HER2 돌연변이는 쥐 모델에서 폐암을 유발하기에 충분했다[5]. 또한 사람의 폐 선암종에서 처음 발견된 25개의 HER2 돌연변이는 이후 다양한 고형암 종에서 관찰되었다[6]. 울리히Axel Ullrich 1943-생존는 HER2 발견을 발표하는 미팅에서 종양 전문 의사이자 과학자인 데니스 슬래몬Dennis Slamon, 1948-생존 박사와 만났다. 울리히 박사 발표를 들은 슬래몬 박사는 울리히 박사에게 자신이 만들어 놓은 종양 조직을 수집하여 보관한 은행(종양은행, tumor bank라 한다)에서 성장인자 HER2 및 종양 유전자의 발현을 평가할 것을 제안했다. 울리히는 슬래몬에게 HER2 발현을 정량적으로 확인할 수 있는 탐침 유전자probe를 보냈고 슬래몬은 종양은행을 스크리닝 하기 시작했다. 1987년 그는 다양한 종양, 결장직장암, 폐암, 위암, 유방 등을 스크리닝했다. 그러던 중 유방 종양 코호트의 약 25%에서 신호 강도가 크게 증가하는 것을 발견했다. 더 나아가 슬래몬 박사는 HER2 발현이 조기 재발 및 훨씬 너 짧은 생존과 상관관계가 있음을 발견했다[7]. 그러나 제넨테크는 연속된 화합물 항암제 임상 개발의 실패로 유방암 치료제를 개발할 의지가 없었다. 특히 당시의 항암제 개발은 무차별적 성장 억제제를 찾는 것이었기에 25%를 대상으로 "표적치료"를 한다는 것을 시장의 75%를 잃는 것으로 여기고 마케팅의 실패 확률이 더 높아진 것으로 판단한 것이다. 제넨테크를 설득하지 못한 울리히는 낙심하여 회사를 떠난다. 그 뒤 UCLA에서 슬래몬 박사 홀로 이 싸움을 진행한다. 그리고 제넨테크의 항체팀 셰퍼드와 카터Michael Shepard and Paul Carter 박사를 설득해 Her2 단일 클론monoclonal 항체 허셉틴Trastuzumab, Herceptin를 개발한다[7]. 돌연변이 기반의 표적치료의 새로운 패러다임이 만들어진 것이다.

이들이 항체 치료 개발이 가능했던 것은, 당시 다양한 화합물 항암 임상시험의 실패로 제약사들이 항암제를 화합물로 하는 것을 꺼렸고, 치료용 항체 생산이 가능한 기술이 탄생했으며, HER2가 종양 표면에 노출되기 때문이었다. 1975년 예르네Niels Jerne, 1911-1994, 쾰러 Georges Koehler, 1946-1995, 밀스테인Cesar Milstein, 1927-2002 박사의 마우스 하이브리도마 기술 개발로 치료용 항체 생산에 대한 가능성이 등장했다. 마우스 하이브리도마는 신뢰할 수 있는 단일 클론 항체의 유일한 공급원이었다. 이들은 단일 클론 항체 이용과 생산에 대한 공로로 1984년 노벨상을 받는다. 그러나 임상 연구는 실망스러웠다. 단일 클론 항체가 사람이 아닌 쥐(마우스)에서 유래했다는 사실 때문에 인체에서 외부에서 주입된 단일 클론 항체에 대한 거부 반응을 유발 했다. 1984년 볼리앤Gabrielle Boulianne 박사는 이러한 문제를 해결하기 위해 항체의 마우스 가변 도메인 영역과 인간 불변 영역을 융합한 키메라 방법을 개발했다[8]. 그런 기술 발전에 힘입어 제넨테크의 셰퍼드와 카터Shepard and Carter 박사가 Her2 단일 클론 항체를 개발하고, 1990년 완전히 인간화된 Her2 항체를 만들어 "허셉틴 Herceptin"이라 명명했다[7]. 이 항체로 임상시험이 1990년부터 시작된 것이다. 그리고 1990년부터 예비 임상시험이 시작되어 좋은 결과가 보이자, 1992년 정식으로 제넨테크에 의해 본격적인 임상시험이 시작되어 1998년 FDA 승인을 얻었다[9]. 이 또한 새로운 조합 치료로 허셉틴은 시스플라틴과 병용 처치했으며, 최초의 표적 치료였으며, 최초의 항체 치료였다. 그러나 이들의 임상시험은 HER2 양성 유방암 환자의 평균 생존율을 20개월에서 25개월로 연장시키는 데 그쳤다. 즉 암을 완치한 것이 아니라 수명을 25% 연장시킨 것이다. 별 볼 일 없을 것으로 예상했던 시장 규모는 환자가 오래 살아서 오랜 기간(25개월) 투여함으로 예상을 깨고 글로벌 블록버스터가(10억 달러 이상 매출) 된다. 그리고 2019년에도 62억 달러의 매출을 올린다[10].

1990년 슬래몬 박사가 허셉틴으로 임상시험이 들어갈 즈음, 저 멀리 스위스의 노바티스 제약사(시바가이기, Ciba-Geigy에서 Norvatis로 바뀜)에서 전세를 완전히 뒤집을 만한 새로운 무기가 개발되고 있었다. 1985년 브라이언 드루커Brian Druker, 1995-생존 박사는 다나-파버 암 센터 토머스 로버츠Thomas Roberts 연구실에서 BCR-ABL 인산화효소 연구에 참가했다. BCR-ABL 인산화효소는 만성골수성백혈병을

발생시키는 것으로 유명한 필라델피아 유전자Philadelphia chromosome
에서 기원한다. 이때 드루커 박사는 시바가이기의 티로신 인산화효소
억제제들 중 BCR-ABL 효소에 잘 들어맞을 물질이 있을지 알아보기
위해 이 연구에 참여 중이던 니컬러스 라이던Nicholas Lydon, 1957-생존
박사를 만났다[11]. 드루커 박사는 BCR-ABL의 특이적 항체 치료제를
만드는 연구에 참여하다가, 1993년 오리건 보건과학대학으로 자리를
옮기면서 계속 라이던 박사와 공동 연구를 지속했다. 라이던 박사는
화학자였으므로 화합물 은행에서 BCR-ABL을 억제하는 화합물을
찾으려고 스크리닝을 진행했다. 여기서 그의 스크리닝 착안점은
두 가지 스크리닝법의 전환을 제시했다. 한 가지는 BCR-ABL 효소
활성을 억제하는 것이 아니고 *BCR-ABL* 돌연변이를 가진 암세포
성장을 대상으로 했다는 것이고, 다른 한 가지는 다른 인산화효소들을
억제하는 부작용을 보는 것이 아니라 정상 세포를 대조군으로 유해성을
보았다는 것이다. 즉, 연역적 사고를 실험적 방법에 적용한 것이다.
니컬러스 라이던 박사는 티로신 인산화효소 억제제 중 ST1-571imatinib,
Gleevec이 정상 세포의 성장에는 영향을 미치지 않고 특정 티로신
인산화효소 *BCR-ABL*을 발현하는 만성골수성백혈병CML, chronic
myeloid leukemia 증식을 탁월하게 억제하는 것을 발견했다[11]. 그는
노바티스에 이 화합물로 만성골수성백혈병 치료제로 개발하자고
제안했으나, CML의 시장이 항암 시장의 0.1%도 되지 않아 거절당
했다. 실제로 만성골수성백혈병 환자는 연간 4,000명 정도(미국 기준)
였으므로 투입되는 연구개발비에 비하면 시장이 너무 작다고 판단한

것이다. 라이던 박사는 그래서 노바티스를 떠났다.

이때 만성골수성백혈병 치료제에 관심이 있던 브라이언 드루커는 이 약으로 임상시험 할 것을 노바티스에 간청해 간신히 비임상이 시작되었다. 그런데 비임상에서 개 간독성이 나타났고, 개발은 중단 됐다[12]. 그런 상황 속에도 드루커 박사는 줄기차게 임상을 간청하고 노바티스를 설득해서 임상시험 허가를 받아냈다. 2001년 5월 28일 노바티스는 단일 표적 BCR-ABL 인산화효소를 공격하는 화합물 신무기 글리벡Imatinib, Gleevec을 개발해 만성골수성백혈병 평균 생존율을 0%에서 90%로 개선했다고 보도하게 된다. 더 놀라운 사실은 치료제가 없을 당시 만성골수성백혈병 환자의 생존기간 중간값이 3개월 정도였는데 글리벡이 개발되고 나서 환자의 생존기간 평균값이 15년으로 60배가 증가되었다는 것이다. 결과적으로 글리벡을 복용해야 하는 환자 수가 4,000명이 아니라 240,000명이 된 것이다. CML은 전체 암 환자의 0.1% 정도밖에 되지 않는데 이 단일 약물은 블록버스터이면서, 연간 수십억 달러 매출을 올리고 2년 만에 투자비를 다 회수했다. 그리고 2012년 47억 달러의 수익을 올린다[13]. 이러한 경험은 기존에 치료제가 없는 적응증에 대한 신약 시장을 기존의 경영-경제학적 관점에서 예측한다는 것이 거의 불가능하다는 것을 보여준다. 또한 이러한 접근 방식은 암 치료의 패러다임을 비특이적 화학요법에서 표적치료제로 전환하여 20년 동안 전 세계 항암제 개발을 표적치료제로 몰고 가게 한다. 하지만 아이러니하게도 그 비슷한 효과가 나오는 신약은 전무했고, 모든 치료가 재발하는 기전이 자가포식autophagy임을 발견하고 선발 공격 부대는 후퇴하게 된다. 그 이유는 BCR-ABL 인산화효소 돌연변이는 필라델피아 염색체라 불리는 특정 유전적 결함과 관련 있는 특정 암이기 때문에 단일 치료로 기적처럼 좋은 효과가 나온 것이었다. 반면에 대부분의 암을 차지하는 고형암에서는 인산화효소 돌연변이나 유전자 증폭이 너무 다양하다는 문제가 있었던 것이다. 예를 들어, 필라델피아 염색체와 유사한 EML4-ALK 돌연변이는 폐암에서 많이 발견되었지만, 폐암에서 ALK와 융합하는 돌연변이가 92종류 이상이 발견되어 고형암에서 매우 다양한 돌연변이의 특징을 잘 보여준다. 가장 최근 2016년 승인된 ALK 억제제 크리조티닙crizotinib은 글리벡과 달리 ALK 양성 비소세포폐암의 완치가 아니라 전체 생존기간overall survival 중간값이 16.6 개월에 지나지 않는다. 표적치료제라는 무기로 이길 것 같던 싸움이 밀리기 시작하자 전선에서는 완치를 향한 새로운 무기를 절실히 찾게 되었다.

바이러스 그룹이 이룩한 분자생물학적 종양 기전을 기초로 하여 진행 중이던 선도 치료법 연구는 수용체 티로신 인산화효소(RTK) 억제제 연구였다. RTK와 관련된 3가지 주요 신호 경로 중 대표 경로는 포스포이노시티드 3-인산화효소(PI3K)-AKT-mTOR 인산화효소 생존 촉진 경로이다. 다른 두 가지는 protein kinase C(PKC) family-mTOR와 Ras/mitogen-activated protein(MAP) kinase -mTOR cascades이다. RTK의 활성화는 PI3K-AKT-mTOR의 단계적 활성화로 이어져 종양 성장을 직접 촉진한다. 성장 수용체뿐만 아니라 RTK의 돌연변이 및 과발현은 다양한 암종에서 발견되고 있고, 특히 신장암(RCC)에 높다. RTK 억제제 개발자들은 암세포에서 어느 경로를 막든 암세포는 다른 경로로 신호를 우회하며 살아남는 것을 경험했다. 그래서 억제제 개발은 신호전달의 최종 종착지인 mTOR까지 내려간 것이다. 사실 mTOR는 신호전달의 마지막 단백질 합성 공장 스위치를 켜는 것이므로, 기능상 정상 비정상 세포 차이가 없기 때문에 다들 망설이는 표적이었다. 최초의 mTOR 억제제 라파마이신Sirolimus, Rapamycin은 원래 항진균제로 개발되었지만 과격하게 활성화된 T 세포 증식을 억제하기 위하여 장기 이식 환자의 면역 억제제로 사용되었고, 1990년대 후반까지 항암 활성에 대해 전혀 연구되지 않았다. 라파마이신은 정상 세포에도 상당한 부작용이 있었으나, (FKBP-12와 결합하여 mTOR complex 1을 억제해 PI3K-AKT 인산화효소로 내려온) 암세포의 과도한 성장 신호를 무력화해 세포 성장 정지, 단백질 합성 감소, 신호전달 물질 감소를 유발했다. 2009년 라파마이신

(Sirolimus, rapamycin 화이자 제약사)은 전이성 신장암 환자를 위해 인터페론 알파와 함께 FDA 승인을 받는다. 하지만 라파마이신 자체의 독성으로 여러 가지 부작용도 있었지만, 더욱 중요한 것은 일정 기간 치료가 지나고 나면 더욱 강력한 재발이 일어나 환자가 사망하는 것이었다. 그 기전은 이후에 알게 되지만 자가포식autophagy이라는 원시적 생존 방식이었다. 영양분 공급이 떨어질 때 자신의 일부를 분해해 영양분 공급원으로 사용하는 것이다. 원래 세포 성장 촉진 신호전달 체계인 PI3K-ATK-mTOR 티로신 인산화효소의 억제는 자가포식을 촉진한다. 그리고 이 자가포식은 암세포 사멸 유도에 시너지 효과가 있는 것으로 다수의 실험으로 증명되었다. 그러나 2008년 표적치료 항암제 치료 중 나타나는 증가된 자가포식은 세포 사멸의 원인이 아니라 죽어가는 세포의 생존 반응일 수도 있다는 증거가 나왔다[14]. 이제 더 이상 내려갈 인산화효소 표적이 없어진 것뿐 아니라, mTOR 억제제는 다른 항암제와 더불어 사용할 수 없고, 이를 극복하기 위해 자가포식을 억제하면, 다른 항암제 효능이 떨어지는 모순의 함정에 빠져버린 것이다. 이렇게 최전선의 지휘관이 궁지에 몰리고 있을 때 새로운 무기가 등장하는데, 그것이 생화학 그룹의 대사조절 무기와 종양 면역 무기이다.

바이러스에서 유전자로, 유전자에서 유전자-단백질-기능의 분자 생물학으로, 유전자 돌연변이의 신호전달을 표적으로 하는 항체 치료로, 표적 화합물 치료로 발전하며 암과의 전쟁은 끊임없이 어려운 전선을 뚫고 나갔다. 암을 정복하기 위해 일선 지휘관들이 도움을 요청할 때 때로는 내부의 반대로 곤경에 처하기도 하고, 영악한 적들의 공격으로 좌절되기도 했다. 하지만 후퇴 명령도 거부하고 끝까지 목숨을 걸고 싸워 고지를 점령한 위대한 지휘관들이 있었기에 오늘날 빛나는 문명의 혜택을 누리는 것이다. 그들 모두 암 치료의 새로운 패러다임을 개척한 분들이다. 우리는 이들의 도전 정신을 배우고, 이들과 함께한 학자들의 싸움에서 이기는 전략을 배워야 한다. 그리고 이런 분들을 지원하고 존경하는 사회가 되어야 한다.

7

생화학 그룹

암 대사 그룹, 화학 그룹에서 발전한
항암제 개발 네 번째 전선,
2010 ~ 현재

암과의 전쟁에서 티로신 인산화효소 억제제인 글리벡으로 2001년 대승리를
거두었으나 다른 전투에서는 실패를 이어 갔다. 그즈음 전선의 지휘관들에게
암세포가 자가포식으로 생존한다는 충격적 소식이 들렸고, 피에르 송푸 박사는
이 모든 전쟁의 양상을 뒤바꿀 만한 대사 경로의 특이성을 발표했다. 이 원리를
이용해 암세포를 골라서 제거할 수 있는 보편적 무기를 만들 수 있었다. 2017년
미국 FDA의 승인을 받은 급성골수성백혈병(AML) 치료제 에나시데닙(Enasidenib,
IDHIFA)은 다시 한 번 암 대사를 암 생물학의 최전선으로 가져왔다.

생화학 그룹

사실 엄격히 항암제의 작용 원리로 구분한다면 세계 최초의 항암제 및 그 후속 항암제들은 모두 생화학적 대사 활동을 제어하는 억제제들이었다. 파버 박사가 발견한 엽산 길항제는 DNA 합성 대사를 억제하는 억제제이며, 초기에 만들어지고 지금도 상용되는 5-FU도 DNA 합성 대사를 억제하는 화합물이다. 하지만 이들 항암제의 발견 및 개발은 생화학적 원리를 바탕으로 진행된 것이 아니기에 화학치료 그룹으로 편성해서 설명했다. 1920년대 당시 최초의 생화학적 기전을 바탕으로 항암제를 개발하려던 이는 와버그 Otto Heinrich Warburg, 1883-1970 박사였지만, 당시의 생명을 설명할 수 있는 생화학은 아직 시작 단계였으므로, 약 80년간 기초연구가 이루어진 후에야 약물로써의 접근이 가능해졌다. 1920년대 당시

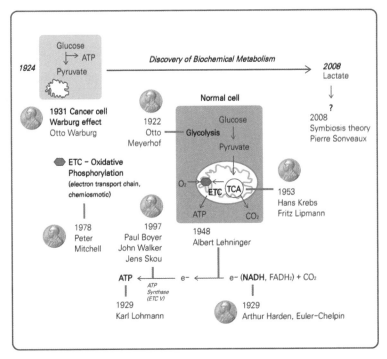

[그림 7] 생화학 발전과 암 대사 패러다임 revival

생화학적 대사기전 발견 및 패러다임 전환. 1924년 와버그 박사가 암세포는 포도당을 젖산으로 발효한다는 발견을 비롯하여, 약 100년 동안 대사기전을 규명하는 기초 연구에 생화학자들이 노력하며, 6팀에 노벨상을 수상함. 대사의 3대 공장인 해당 작용(glycolysisi), TCA cycle, ETC–산화적인산화(oxidative phosphorylation) 기전을 규명함으로 생명 현상을 구체적으로 이해함. 2010년대에 들어서 비로소 정상과 암의 대사적 특이성이 있음을 발견하고, 이를 공략하는 전략이 세워지고 있으며, 2017년 암대사 표적 항암제가 FDA의 승인을 받으며 새로운 패러다임으로의 전환 가능성을 보이고 있음.

기준으로 와버그 박사의 통찰력은 대단한 것으로 당시 생화학 발전에 엄청나게 기여하였고, 그의 제자들 또한 생화학 발전에 크게 기여한 한스 크렙스Hans Krebs, 1900-1981 (1953년 노벨상, Krebs cycle TCA cycle 규명)와 조지 월드George Wald, 1906-1997(1967년 노벨상, 비타민 A 발견)이다.

그래서 1924년 와버그 박사가 암세포에서 특이적인 젖산 발효를 발견한 84년 후 처음으로 2008년 대사 조절제인 단당 운반체(monocarboxylate transporter 1, MCT1, 젖산 운반체로 작용한다) 저해 약물 및 당뇨 치료 약물로 사용되던 메포민metformin, biguanide이 등장하면서 생화학 연구개발 그룹이 형성된다.

> TCA(tricarboxylic acid) cycle : TCA 회로 또는 시트르산 회로 또는 발견자의 이름을 따서 크레브스 회로(Krebs cycle)이라 부르기도 한다. 우리 몸의 ATP를 가장 많이 만들어 내는 미토콘드리아에서 일어나는 일련의 생화학 반응이다. 정상이나 암세포의 에너지 대사에서 가장 중요한 대사 회로 중 하나이다.

화학이 실험실에서 화합물의 반응을 통해 새로운 화합 물질을 만들어 내는 것을 연구하는 것이라면, 생화학은 살아있는 세포의 구성 물질이 세포 내에서 기질substrate을 효소enzyme 화학반응을 통해 새로운 화합 물질product로 만들어 내는 것을 연구하는 학문이다. 생명현상이 활력이 아니라는 것이 지금은 극히 당연한 지식이지만, 19세기 말에는 발효가 일어나는 것이 효모에 "활력vital"이 있기 때문이라는 패러다임이 지배했다. 1897년 효모를 깨서 세포가 없는 추출물에 당glucose를 섞어 주니 발효를 해서 알코올이 생성되는 것을 보여줌으로써, 대사에 화학 이론을 제시하였다. 이것은 형이상학적 활력론vitalism을 깨고 이성의 시대로 들어가는 것을 시사한다. 이 공로로 1907년 독일의 에두아르트 부흐너Eduard Buchner, 1860-1917 박사는 노벨상을 받는다. 이것이 생화학연구의 시작이다. 공교롭게도 발효이면서 대사이고 술이었다. 종양학에서 공교로운 것은 발효로 노벨상을 또 타게 되는 일이 벌어지고, 암 특이적 대사가 21세기에 등장하고 있는 것이다.

지금도 생화학 교과서를 열어보면 암에 관한 부분은 거의 없고 아주 일부 대사 과정에서 오토 와버그Otto Warburg 박사가 소개되고 있다. 종양학 교과서에서도 생화학적인 부분은 거의 소개되지 않고 아주 일부분에서 와버그 박사의 이론이 소개되기도 하고 아니기도 한다. 어떻게 보면 와버그 박사의 발견과 성과가 유일한 암에서의 연구 고찰처럼 보인다. 그 이유는 무엇일까? 그것은 아주 오랫동안 암의 대사 화학반응과 정상 대사 화학반응은 동일하다고 판단했기 때문이다. 그러나 그것은 생화학 반응 단계를 보면 동일하지만 전체 흐름의 과정은 완전히 다르다는 것을 간과한 것이고, 그 대사적 흐름에 암을 치료할 수 있는 근거가 있다는 것을 미처 보지 못한 것이다. 20세기 말 당시에는 대사보다 더 매력적인 돌연변이 신호전달의 분자생물학적 연구가 금광처럼 보여 경쟁적으로 달려드는 심리적 요인도 한몫했을 것이다. 지금 암의 대사 영역은 교과서에는 그 정보가 거의 없지만, 지난 10년 동안 이룩한 암 특이적 대사 연구의 정보는 이전 한 세기 동안 발전한 대사 연구 지식보다 몇 배 많은 정보를 축적하고 다음 패러다임의 때를 기다리며 준비를 마쳐 가고 있다. 종양학에서의 생화학 그룹, 즉 대사 그룹을 살펴보자.

1907년 부흐너의 노벨상 수상으로 생화학에서는 대사에 많은 관심을 가졌다. 당시 대사는 종양 연구보다도 발효산업과 연관된 식품 사업들이 엄청난 터라 사회 경제적 파급력이 큰 연구 분야였다. 1912년부터 오토 마이어호프Otto Myerhof, 1884-1951 박사는 근육 호흡에 관한 연구와 에너지 변화를 연구했다. 마이어호프는 개구리 근육에 포도당을 주고 산소 소비량 측정을 통해, 근육이 운동할 때 탄수화물로부터 젖산이 형성되는 것을 발견했다. 이것을 후에 해당 경로(glycolysis, 당을 분해한다는 의미의 경로, EMP 경로라고도 함)라고 하는 과정에 의한 것임을 발견했다. 운동은 에너지가 필요하므로, 탄수화물이 젖산이 되면서 에너지에 필요한 무엇인가가 만들어진 것이다. 이 연구 공로로 1922년 마이어호프 박사는 노벨상을 받는다. 그리고 그 에너지원이 ATP라는 것은 1922년 카를 로만Karl Lohmann, 1898-1978 박사와 함께 발표했다. 이들은 지금과 동일한 ATP의 구조도 제안하고, 당시에 삼중 인산이 유리 인산이 되면서 14.6 kcal mol-1의 에너지가 발생하는 것을 실험적으로 증명했다[1]. ATP의 중요성을 21세기에 생각한다면 카를 로만 박사는 노벨상을 받아야 하지만, 아쉽게 ATP 발견이 마이어호프 박사에게 노벨상이 수여된 직후 이루어져 수상의 기회를 놓쳤다. 마이어호프 박사는 1929년 카이저 빌헬름 의학연구소 소장이 되어 오토 와버그 박사를Otto Warburg 만난다. 와버그 박사는 1918년부터 카이저 빌헬름 의학연구소에서 교수로 연구하고 있었다. 1922년 마이어호프 박사의 근육 젖산발효 -에너지 이론이 노벨상을 받자 와버그 박사는 동일한 개념을 동일한 실험 방법을 사용하여 종양에 적용했다. 1924년 그는 "종양의 호흡 방식"이라는 주제의 논문을 발표했다[2]. 그것은 종양이 포도당을 산소 소모 없이 젖산으로 발효한다는 것이었다. 마이어호프의 개념을 연결하면 암은 젖산을 만들면서 해당 작용으로 암이 생존에 필요한 ATP를 생산한다는 것이었다 [지금에 와서 이 이론은 틀린 이론이다. 근육은 이렇게 만들어진 젖산을 간에서 다시 포도당으로 바뀌어 근육으로 돌아오지만(Cori-cycle), 암세포는 이런 cycle이 없다]. 1931년 이 실험과 이론으로 와버그 박사는 노벨상을 수상했다. 발효 과정으로는 두 번째 수상이지만, 암 연구에서 그의 연구는 상상을 초월할 만한 위대한 발견이었다. 그것은 암이 한곳에 뭉쳐서 자란다면 수술로 제거하거나 방사선으로 제거하면 간단히 치료할 수 있는 질병이다. 그러나 암은 정상 조직과 암 조직의 경계가 불분명하고, 광범위하게 외과적 절제가 가능하더라도 여러 장기로 암세포가 퍼지는 특징을 가진다(전이metastasis). 암과 정상의 보편적 특이성, 그중에서도 암이 의존하는 대사적 특이성을 찾는다면 암과 싸우는 지휘관들에게는 미사일과 같은 무기를 만들 수 있는 정보를 얻게 되는 것이다. 와버그 박사의 발견에 따라 암이 포도당을 무조건 젖산 으로 대사 하면서 부족한 에너지를 얻어내기 위해 탄수화물을 고갈 시킨다면, 이 생리적 현상을 이용해 암을 정복할 수 있었을 것이었다. 그런데 와버그 박사는 산소 공급을 늘리면 미토콘드리아가 산소를 이용해 발효 대신 호흡을 하여 암을 극복할 수 있지 않을까 가정했다. 따라서 고압 산소탱크로 암을 치료하려고 했고, 그 시도는 불행하게도 실패로 끝났다. 이후 1970년대에 glucose는 hexokinase에 의해 대사되어 없어지지만 deoxy-glucose는 해당 작용이 일어나지 않고 세포 내 누적되는 것을 발견했다. PET positron emission tomography Scan이 발달하자 이 원리를 이용하여 deoxy-glucose에 ^{18}F 방사선을 표지한 ^{18}F-FDG를 주사하여 포도당을 많이 사용하는 종양을 탐색하는 진단법으로 사용하게 됐다. 현재 암 검진에 쓰는 PET가 이 원리를 이용하고 있다. 그리고 세포질에서 해당 작용과, 미토콘드리아에서 TCA cycle과 미토콘드리아 막에서 전자전달계 electron transfer chain I ~ V를 거치며 전자 전달이 일어나며 ATP를 생산하는 산화적 인산화 oxidative phosphorylation 과정을 모두 밝히고 이해하는 데 상당히 오랜 시간이 걸린다. 이 과정과 연관되어 노벨상만 6번 수여되었다. 근육에서 포도당이 발효하는 것으로 에너지를 얻는 것을 발견한 마이어호프 박사(1922년 수상), 당시 "coferment"라 부른 NADH를 발견한 아서 하든 Arthur Harden, 1865-1940 박사(1929년 수상), 앞에서 밝힌 오토 와버그 박사(1931년 수상), TCA cycle Krebs cycle을 발견한 한스 크레브스 Hans Krebs 박사(1953년 리프만 박사와 공동 수상), Co-A를 발견한 프리츠 리프먼 Fritz Lipmann, 1899-1986 박사(1953년 크랩 박사와 공동 수상), ATP 합성의 화학 삼투 메커니즘을 밝힌 피터 미첼 Peter Mitchell, 1920-1992 박사(1978년 수상), ATP 합성효소의 합성 메커니즘을 밝힌 폴 보이어 Paul Boyer, 1918-2018 박사와 존 워커 John Walker, 1941-생존 박사(1997년 공동 수상)이다. 대사에서 대발견을 하고 아쉽게도 노벨상을 놓친 분들은 당분자에서 ATP, NADH와 아미노산이 만들어지는 경로인 EMP 경로Embden-Meyerhof-Parnas pathway를 발견한 엠브덴 Gustav Embden, 1874-1933, 마이어호프Otto Meyerhof, 1884-1951, 파르나스 Jakub Karol Parnas, 1884-1949 세 분과, ATP를 발견한 카를 로만Karl Lohmann, 1898-1978 박사, TCA cycle에서 NADH가 만들어지고 이 조효소가 ATP로 전환되는 과정을 밝힌 앨버트 레닝어Albert Lehninger, 1917-1986 박사이다. 적어도 3개 이상의 노벨상이 더 나올 수 있었는데 안타깝다. 앞으로 암과의 차이를 잘 규명해 낸다면 더 많은 노벨상이 나올 수도 있다고 예상된다. 예를 들어 암세포가 왜 젖산을 모두 만드는지 아직도 그 이유가 명확하게 밝혀지지 않았다.

1931년 와버그 박사가 노벨상을 수상하고 마지막으로 대사에서 ATP를 생산하는 과정을 이해한 공로로 폴 보이어Paul Boyer, 1918-2018 박사가 노벨상을 수상한 해가 1997년이다. 그리고도 11년을 더 기다려야 새로운 패러다임이 소개된다. 기나긴 침묵을 깨고 2008년 드디어 새로운 암 치료제를 제공할 만한 놀라운 발견이 발표됐다. 피에르 송푸Pierre Sonveaux 박사의 "젖산 연료 호흡을 선택적으로 공격하면, 쥐의 저산소 종양 세포를 죽인다"라는 제목의 논문이었다 [3]. 이 논문은 그동안 완전히 잊혔던 생화학 그룹에 스포트라이트를 비추는 사건이 됐다. 암의 보편적인 생리현상을 공격하여 암 치료에 사용할 수 있다는 놀라운 실험 결과였다. 이것은 비돌연변이 암 특이적 에너지 대사를 표적으로 하는 새로운 표적치료의 패러다임이 형성 되는 것이었다. 그러나 당시 두 가지의 철학이 앞길을 막고 있었다. 하나는 모든 에너지 대사 현상은 암과 정상이 동일하기에 대사를 막으면 정상도 해를 입는다는 것이고, 다른 하나의 공격 요건으로는 아주 좋은 암세포는 특이적으로 정상과 다른 돌연변이를 가지고 있다는 것이다. 그러니 대사의 특이성을 이야기한들 아무도 듣지 않는 분위기였다. 그런데 mTOR 억제제의 암 재발로 인한 제한적인 효과와 HSP90 억제제의 임상시험 실패가 표적치료를 꿈꾸던 많은 학자에게 회의를 불러일으켰다. 이때 송푸 교수는 새로운 현상을 목격한다. 종양이 서로 다른 두 가지 대사 형태의 층을 이루고 서로 공생 symbiosis한다는 것이었다. 혈관에서 먼 암세포는 포도당을 흡수하고 젖산을 내놓으며, 혈관과 가까운 암세포는 암세포가 분비한 젖산을 흡수하고 에너지로 사용한다는 것이었다. 혈관 멀리 있는 암세포는 포도당 수용체(GLUT)를 이용해서 에너지를 얻고, 그 산물로 와버그 박사가 관찰한 젖산을 분비한다. 그런데 빠른 암 성장 속도에 따라 혈관에서 가까운 암세포들은 단당 운반체(MCT1)를 이용해 젖산을 흡수하고 풍부한 산소를 이용하여 이를 에너지원으로 사용한다는 것이다. 그래서 생쥐에 종양을 심고 저농도 포도당 식이를 취하는 조건에서 젖산 흡수를 막는 MCT1 억제제를 처리한 결과 다양한 종양에서 성장이 느려지거나 멈추는 결과가 나왔다. 이러한 결과는 약물의 독성을 간신히 버티며 종양이 줄어들게 하는 표적치료제에 비하면 독성이 하나도 없이 비슷하거나 더 나은 효과가 도출되는 신사적인 치료법이었다. 이것을 2009년 Keystone meeting에서 발표하는 자리에서 모든 학자가 일어나 우레와 같은 박수를 치며 함께 새로운 발견에 경의를 표했다.

뒤를 이어 수많은 암 특이적 에너지 대사가 연구되기 시작했다. 이 발견은 지금까지 걸림돌처럼 생각했던 두 가지 금기사항이 다 무너지는 새로운 패러다임으로의 진입을 알리는 패러다임 브레이커가 되었기 때문이다. 이제 생화학 연구 그룹은 암 특이적이며 암에 치명적인 대사 표적을 찾는 그룹과 암에 보편적인 돌연변이와 연관된 대사적 특이성을 찾는 그룹으로 나뉜다. 사실 둘은 비슷해 보이지만 임청나게 다른 칠학적 배경을 가지고 있다. 암 특이적이며 암에 치명적인 대사 표적 자체는 각 돌연변이와 연관성을 찾기 어려운 대사 활성 변화일 가능성이 매우 크고 아직 우리가 모르는 원인이 숨어 있을 것이다. 따라서 그 대사 표적을 공격하는 것은 그것이 무엇이 되었든 돌연변이와 관련 없이 대사 급소를 공격함으로 암의 진로를 막고자 하는 연역적 전략이다. 이러한 대표적 전술이 2009년 유명해진 당뇨치료제인 메트포르민 병용 치료법이다. 반면에 암의 보편적인 잘 알려진 돌연변이 기반의 대사 변이를 연구하는 것은 돌연변이 기반 항암 치료제와 병용 치료를 목적으로 개발할 수 있는 귀납적 치료 접근법이다. 이러한 대표적인 전술이 2017년 암 대사 최초로 허가가 난 IDH2 돌연변이 억제 신약인 Enasidenib이다 (Idhfa, Agios 벤처-Celgene 투자, BMS에 제조판매권 2억 5천만 달러에 이전).

2009년 전혀 예상 못 했던 흥미로운 뉴스가 임상 역학 분석에서 나온다. 그것은 유방암이 있는 당뇨병 환자에서 메트포르민과(당뇨병 치료제 biguanide, 미토콘드리아 complex I 억세제) 신행 힝암 회힉 요법을 받은 환자는 메트포르민을 받지 않은 당뇨병 환자보다 병리학적 완전

반응(pCR) 비율이 3배 더 높았다[4]. 당뇨병 환자에서 메트포르민을 사용하면 암 발병률과 사망률이 감소하며, 메트포르민은 생체에서 암세포의 성장을 억제하는 것이다. 이 사건을 계기로 거의 모든 항암제는 메트포르민과 병용치료 임상에 들어가지만 대부분 효과가 미미하게 끝난다. 그 가장 큰 이유는 메트포르민이 암으로 가기 전에 대부분 간에서 흡수돼서 분해 배출되기 때문이다.

와버그 박사의 발견은 정말로 패러다임 브레이킹 관찰이었다. 하지만 안타깝게도 그 발견은 새로운 치료법으로 연결되지 못한 채 막을 내렸다. 그 이유 중 하나는 당시만 해도 생화학이 시작 단계였던 터라 약 80년간 기초연구가 이루어진 후에야 약물로의 접근이 가능했기 때문이고, 다른 이유는 그의 발견에 대한 해석의 오류가 있었기 때문이다. 그는 "암은 다른 모든 질병보다 이차적인 원인이 셀 수 없이 많습니다. 그러나 암의 경우에도 주요 원인은 단 하나입니다. 암의 주요 원인은 정상 체세포의 산소 호흡이 당의 발효로 대체되는 것입니다"라고 말했다 [5]. 즉, 와버그는 젖산 형성을 근거로 암에서는 산소 소모가 멈춘다고 주장을 한 것이다. 그리고 해당 작용에 전적으로 ATP 합성을 의존한다고 발표했다. 그러나 2020년 이러한 주장이 전혀 아니라는 실험적 결과가 발표되면서, 와버그의 젖산 형성 관찰은 다른 해석이 필요하게 되었다. 실제로 암세포는 산소를 더 많이 사용한다. 정상적으로는 해당 작용, TCA cycle, 그리고 산화적 인산화 oxidative phosphorylation, electron transfer chain 세 경로를 거쳐 에너지인 ATP가 만들어진다. 그런데 암은 탄수화물에서 TCA cycle로 가는 경로에 문제가 생긴 것이고, 다른 영양소들에 의한 미토콘드리아 TCA cycle 돌아가는 것과 산화적 인산화는 정상 이상으로 잘 돌아가고 있기 때문이다[6]. 이러한 암 특이적 대사의 특성을 잘 연구하면 암의 생리현상에 결정적 타격을 줄 수 있는 전략이 도출될 것으로 예상한다.

정상 세포에서 대사라는 개념은 생화학에서 열역학적 평형thermodynamic equilibrium을 의미한다. 신호전달처럼 A에서 B로 진행하는 것이 아니라 A가 많으면 A에서 B로, B가 많으면 B에서 A로 흐름의 방향을 바꾸어 물이 흐르듯 평형을 이룬다. 영양분 흡수가 늘어난다고 소모하는 효소가 덩달아 증가해 계속 대사 활동을 늘리는 것이 아니다. 필요 이상의 영양분은 축적되어 보관된다. 반대로 영양분이 부족하면 저장되어 있던 생체 물질을 소모해 필요한 에너지를 확보한다. 간단히 말하자면 정상적인 세포가 100% 탄수화물을 분해해서 에너지를 얻고 사용하지만, 며칠 굶는다고 죽는 것이 아니다. 기계 같으면 기름이 떨어지면 멈추지만, 사람은 창고에서 석탄을 꺼내 때면서 버틴다. 정상적인 생리 활동을 위해서 대사는 합목적성으로 반응을 한다. 하지만 암세포는 그렇지 않다는 것을 1924년 와버그 박사가 발견했다. 많든 적든 탄수화물 대부분은 젖산으로 보낸다. 여기서 대사의 기본 개념이 깨진 것이다. 정상 세포가 수력발전(TCA cycle에서 탄수화물 분해)으로 에너지를 얻는다면, 암세포는 수력발전을 차단한 것이다. 당시부터 지금까지 해당 작용을 통해서 2개의 ATP 분자와 1분자의 NADH(2.5 분자의 ATP)를 얻는 것을 암세포의 주요 에너지 경로라고 주장하고 있는데 이것은 틀린 개념이다. 1 NADH 분자는 젖산을 만드는 LDH의 조효소로 사용된다. 그럼 결국 1 포도당 분자에서 2 ATP를 생산한다. 그러면 암세포는 TCA cycle을 돌리는 정상 세포보다 18배 에너지 효율이 떨어진다. 그러고도 암세포가 정상 세포보다 수십 배 더 잘 자랄 수 있을까? 암 대사는 특이하게도 젖산으로의 방향성이 정해져 있다. 거꾸로도 안되며 TCA로도 가지 않는다. 그래서 해당 작용에 중요하다고 알려진 헥소인산화효소 hexokinase나 피르부산 인산화효소 M2(PKM2) 억제제 등이 임상 대열에 올라오곤 했다. 그것 말고도 다른 대사의 특이성이 없을까?

이 원리를 잘 이용하면 암세포를 골라서 제거할 수 있는 보편적 무기를 만들 수 있는 기회가 생긴 것이다. 2008년 송푸 박사의 실험 결과가 스포트라이트를 받은 시대적 배경, 즉 생화학의 대사 연구 그룹이 대두되게 된 배경을 정리해 보면 아래와 같다. 암과의 전쟁에서 티로신 인산화효소 억제제인 글리벡으로 2001년 대승리를 거두고 나서, 다른 전투에서도 비슷한 무기로 싸우던 중, 줄어들던 적군이 되살아나 탈환했던 영토를 다시 빼앗았기 때문이다. 그리고 그렇게 빼앗기는 전투가 점점 늘어나 하나의 원리로 자리를 잡아 가기에 전선의 지휘관들은 그 이유를 찾고, 무엇이든 새로운 무기를 찾는 데에 혈안이 되었던 것이다. 2008년 당시 많은 표적치료제가 임상시험에서 실패하고 있었기에, 전선에 지휘관들에게는 새로운 무기가 절실히 필요했던 것이다. 암세포가 자가포식으로 생존하는 것은 충격적 소식이었고, 그즈음 피에르 송푸 박사는 이 모든 전쟁의 양상을 뒤바꿀 만한 대사 경로의 특이성을 발표한 것이었다. 그래서 2010년대부터 암의 대사 연구가 큰 화두가 된다. 이 전투에 암 대사 전략적 사령관으로 MSKCC의 원장 크레이 톰슨Craig Thompson, 1953-생존 박사가 있다. 암 특이적 대사를 연구하는 연구 그룹이 2000년 초에 모이기 시작했다. 그중에는 PI3K를 발견하고 연구를 이끌어오던 루이스 캔틀리Lewis Cantley, 1949-생존, CTLA4의 기능을 규명한 탁 막Tak Mak, 1946-생존, Bcl-X1을 발견한 크레이그 톰프슨Craig Thompson 박사 트리오가 있다. 이들은 2008년 Agios 벤처 회사를 공동 설립하고 암 대사의 특이성을 연구하기 시작했다. 그 결과, 당시 돌연변이를 찾는 관습에 의해 돌연변이된 Isocitrate dehydrogenase 2(IDH2)를 발견하고 이 대사 산물이 존재하지 않다가 2-하이드록시글루타레이트와 같은 새로운 종양 대사 산물이 암 발달에 관여한다는 사실을 발견했다. 이어 IDH2의 돌연변이 형태를 표적으로 하는 억제제를 개발했고, 곧바로 임상에 들어갔다. 이는 암 치료에 사용되는 암 대사를 특이적 표적으로 하는 최초의 약물 임상시험이었다. 2017년 미국 FDA가 급성골수성백혈병(AML) 치료제 에나시데닙Enasidenib, IDHIFA를 승인했다. 이로써 에나시데닙은 다시 한 번 암 대사를 암 생물학의 최전선으로 가져왔다. 1931년 와버그 박사 노벨상 수상 이후 86년 만에 처음으로 대사를 조절하는 항암제가 탄생한 것이다. 2017년 에나시데닙 허가 이후로 임상 파이프라인에는 다양한 암 특이적 대사 조절제들이 임상시험 진행 중에 있다. 앞으로 조만간 다양한 암 대사 치료제들이 새로운 승전 소식을 전하여 중앙 면역 최전선에서 고전하는 지휘관들에게 신무기를 선사할 것이다.

8

종양면역 그룹

분자생물학 그룹에서 발전한
항암제 개발 다섯 번째 전선,
2000 ~ 현재

1992년 제임스 앨리슨 박사는 T세포를 활성화하는 CD28 수용체에 대한
신호전달을 규명했고, 1993년 CTLA-4가 이와 반대되는 작용을 한다는 것을
발견했다. 하지만 이러한 세기적인 발견은 10년 뒤인 2003년에야 인정받기
시작했고, 이필리무맙이 2011년 FDA 허가를 받으며 치료법 없던 흑색종의
표준 치료가 되었다. 1990년대 초 기초과학자의 연구 결과로 20년간 암과의
전쟁을 벌이며 싸워 2010년대 초 암 환자들이 가진 완치라는 희망을 현실로
바꾸어 줄 새로운 패러다임을 연 것이다.

종양면역 그룹

흔히들 기초과학자가 암을 치료할 수 없다고 생각한다. 그리고 기초과학자는 그 임무에서 빠져 있다고 생각한다. 어떤 목적을 이루기 위해 패러다임을 바꾸어야 한다면, 과학자는 주어진 재능을 인간이 만들어 놓은 잘못된 선을 넘는 기회로 사용해야 한다. 기초과학자는 이론을 위한 이론을 만들기 위해 연구하는 것이 아니고, 현장의 문제를 새로운 개념과 방법으로 해결하기 위해 싸워야 한다. 싸우려는 의지가 없다면 최소한 암과의 전쟁 전선에서 물러나야 새로운 지휘관들이 뛰어나가 이 전쟁에서 이길 수 있다. 기초과학을 연구하는 과학자가 새로운 방법으로 암과의 싸움을 시작하고, 임상시험에 그 방법을 제공하여 암을 완치하고, 그 공로로 노벨상을 받을 수 있느냐고 묻는다면 당신은 어떻게 답하겠는가? 2018년 면역종양학으로

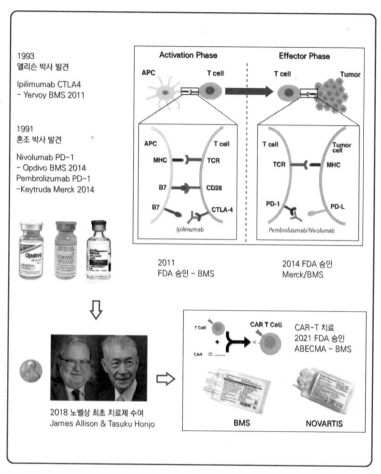

[그림 8] 종양면역 패러다임 전성시대

종양면역 억제제의 발견과 새로운 암 치료 패러다임으로의 전환. 2011년 CTLA-4 여보이 항체치료제가 FDA 승인을 얻었고, 2014년 PD-1 옵디보와 키트루다 항체치료제가 FDA 승인을 득함. 2015년 지미 카터 대통령의 흑색종 말기 상황을 키트루다 치료로 완치하면서 암 치료 시장의 패러다임 전환이 이루어짐. 2021년 CAR-T 치료제가 개발되면서 또 다른 면역세포 치료의 패러다임이 기대됨. 그러나 모두 혈액암에만 효과가 특화되어 고형암 치료에 한계를 보이고 있음. (APC, antigen presentation cell, 항원을 T 세포에 알려주는 세포) (Ann Transl Med. 2010 Jul;4(14):201)

노벨상을 수상한 제임스 앨리슨James Allison, 1948-생존 박사가 그 경우이다.

생물학의 초기 단계부터 암을 치료하기 위해 면역계를 인공적으로 자극해 질병과 싸우는 면역계의 자연적 능력을 향상시키는 면역요법이 시도되어왔다. 1891년 미국 윌리엄 콜리William Coley, 1862-1936 박사는 수술이 불가능한 암 환자를 치료하기 위해 열로 죽인 박테리아 (Streptococcus pyogenes 및 Serratia marcescens)를 포함하는 독소를 개발했다. 이 치료법은 육종의 치료에 사용되었으며, 수술 불가능한 연조직 육종soft-tissue sarcomas이 있는 환자의 51.9%는 완전한 종양 퇴행을 보여 5년 이상 생존했다고 보고한다[1]. 이 방법을 좀 더 체계화하려고 했던 학자가 화학 그룹의 창시자 얼리히 박사이다. 하지만 1900년대 초 임상시험에서 치사율이 높아서 중단되고 말았던 면역요법이다. 그리고 1970년대부터 면역학이 분자생물학 과학기법을 만나서 그 기전을 분자 수준에서 이해하기 시작했다. 1970년대는 T 세포 수용체의 유전자 암호를 풀기 위해 경쟁하던 시기였다. 제임스 앨리슨 박사도 그중 한 사람이었다. 1992년 그는 T세포를 활성화하는 CD28 수용체에 대한 신호전달을 규명했고, 1993년 CTLA-4가 이와 반대되는 작용을 한다는 것을 발견했다. 즉 CTLA-4는 T 세포가 손상을 일으키기 전에 반응을 멈추는 역할을 하는 자동차의 브레이크에 비유할 수 있었다. 앨리슨 박사는 이 작용을 암 치료에 적용해 보았다. CTLA-4 항체를 이용하여 T 세포의 CTLA-4의 기능을 억제하면, 지칠 줄 모르는 T 세포는 암세포를 공격해 암을 제거할 수 있을 것이라는 가설이었다. 1994년 이 가설이 실험 결과로 나타났다. 쥐 실험에서 CTLA-4 항체로 종양이 모두 사라진 것이다. 즉 완치된 것이다. 암과의 전쟁을 치르는 전선의 지휘관들에게는 엄청난 희소식 이었지만, 후방에서 무기 제조를 위해 투자하는 제약사들은 회의적 이었다. 이러한 암 치료의 패러다임을 바꿀만한 대발견에도, 백신 및 사이토카인 요법 같은 다른 면역요법 제제에 대한 많은 임상시험이 실패한 후라서 다국적 제약사들은 앨리슨 박사의 암에 대한 면역 치료 개념에 매우 회의적이었다. 그리고 앨리슨 박사도 다른 패러다임 브레이커들이 경험한 것처럼 많은 제약사를 설득하려고 노력했지만, 오랫동안 실패했다[2]. 특히 종양학 분야는 글리벡처럼 암세포의 유전적 변이를 규명한 후 이러한 특정 변이를 약물로 표적화하는 데 우선으로 중점을 두고 있었다. 게다가 많은 학자들은 종양 세포를 표적으로 하지 않고 우리 몸에 있는 정상적인 T 세포를 표적으로 하는 약물로 암을 치료하는 것이 가능하다고 전혀 믿지 않았다. 이러한 세기적인 발견은 10년간이나 세상의 주목을 받지 못한 채 묻혀 있었다. 2003년 해럴드 바머스Harold Varmus는 앨리슨 박사에게 MSKCC에서 세계적 수준의 면역학 프로그램을 이끌 기회를 주었을 뿐만 아니라 항CTLA-4 임상시험에 참여하도록 허락했다. 이후 2011년 이필리무맙 (Ipilimumab, Yervoy, CTLA-4 억제제, BMS)이 FDA 허가를 받아 그 당시 까지 치료법이 없었던 흑색종에 표준 치료가 되었다. 2013년 앨리슨 박사는 MD Anderson 암 연구소로 자리를 옮겨서 수많은 면역 치료 임상시험을 지휘하며 면역 치료 플랫폼을 이끌며 2018년 노벨상을 받았다.

한편 지구의 반대편 일본에서, 죽어가는 T 세포와 살아있는 T 세포의 분자적 표지 변화를 연구하는 과학자가 있었다. 1991년 다스쿠 혼조Tasuku Honjo, 1942-생존 박사가 T 세포 사멸을 일으키는 수용체 분자를 발견했다. 그래서 그 유전자의 이름을 PD-1programmed cell death-1이라고 명명했다. 그리고 그 기능에 관한 답은 1999년 PD-1 결손knock out 생쥐가 PD-1 결핍으로 인해 생후 14개월에 자가면역 증상을 일으킨 것을 발견하면서 알게 되었다. 이러한 발견은 PD-1이 면역계의 음성 조절자임을 증명한 것이다. 혼조 박사는 PD-1 수용체에 결합하는 파트너ligand를 찾는 일을 다나-파버 연구소의 클라이브Freeman Clive와 프리먼Gordon Freeman와 함께 수행해, 2000년 PD-1의 파트너가 PD-L1이라고 발표했다. 한편 종양에서 암세포가 생산한 PD-L1이 T 세포의 PD-1과 결합을 통해 세포에 대한 면역 반응을 피해 간다는 것을 알게 되었다. 혼조 박사는 PD-1이 암 치료의 훌륭한 표적이 될 것이라고 확신했고, PD-1 또는 PD-L1에 대한 차단 항체를 개발했다. 혼조 박사 역시 이러한 훌륭한 발견 뒤에도 신약 개발을 위한 특허권 다툼과 투자사의 비협조로 근 10년간 어려움을 겪었다. 혼조 박사는 PD-1 차단에 의한 종양 치료에 대한 연구 결과의 임상 적용을 기대하고, 교토 대학에 PD-1 차단을 암 치료에 사용하기 위한 발명 특허 및 지원을 신청했지만, 교토 대학은 이를 지원할 인적 및 재정적 자원이 부족했다. 그는 작은 일본 회사인 오노 제약사 Ono Pharmaceutical에 협조를 구했지만, 불행히도 오노 제약사 또한 항암제 개발을 위한 임상시험을 조직할 능력이 없었다. 그들은 많은 회사를 방문해 투자 설명을 했지만 모두 실패했다. 당시 제약업계, 임상의, 심지어 많은 생물학자들도 면역 체계를 강화하는 것이 암을 치료하는 데 도움이 될 수 있다고 믿지 않았다. 마침내 오노 관계자들은 프로젝트를 포기하기로 결정했다고 혼조 박사에게 통보했다. 혼조 박사는 미국 벤처 캐피털 회사를 방문했고, 그들은 놀랍게도 오노 제약사를 향후 개발에서 제외한다는 조건으로 혼조 박사의 제안에 즉시 투자하기로 동의했다. 공교롭게 이 사실을 오노에 알린 후, 오노 제약사가 PD-1에 투자할 자본이 생겼다고 연락해 왔다[3]. 2005년부터 오노 제약사는 미국의 메다렉스 바이오 회사Medarex Bio와 PD-1에 대한 인간 항체를 공동으로 개발했다Nivolumab. 그리고 두 회사는 북미 판권은 메다렉스가, 나머지 국가의 판권은 오노 제약사가 갖는 것으로 계약했다. 그리고 2009년 BMSBristol-Myers Squibb 제약사가 메다렉스 회사의 판권을 24억 달러에 인수했다. 2012년 PD-1 항체에 대한 첫 번째 임상시험 결과는 말기 흑색종, 폐암 또는 신장암 환자에서 매우 유망한 완전 또는 부분 반응을 보여주었다. 이러한 사실로 PD-1을 표적으로 하는 항체 치료제 시장에 경쟁이 붙었으며, BMS사의 니볼루맙Nivolumab, Opdivo, Merck사의 펨브롤리주맙Pembrolizumab, Keytruda, Roch사의 아테졸리주맙Atezolizumab, GSK사 등이 있다. 이 경쟁 중에 2014년 오노사는 일본 식약처로부터 니볼루맙 허가를 받았고, 같은 해 2014년 키트루다와 니볼루맙은 미국 식약처에서 BRAF 돌연변이를 가지고 있는 흑색종 환자에 이필리무맙(CTLA-4 억제 단일 항체 치료제)과 BRAF 억제제를 병용 처리한 후 불응하는 환자에게 사용하는 것으로 허가를 받았다. 그 뒤 2015년 전세를 뒤바꿀 역사적 전투가 벌어진다. 전투는 싸우는 곳이 중요하며, 그래야 더욱 유명해진다. 이번 전쟁터는 지미 카터 미국 대통령이었다. 2015년 8월 카터 대통령은 흑색종이 간과 뇌로 전이되었다고 발표했다. 그는 항 PD-1 면역항암제인 펨브롤리주맙(키트루다, Merck 제약사) 치료를 시작했고 12월, 흑색종이 완전히 사라졌음을 세상에 공표했다[4]. 이러한 공로로 혼조 박사는 앨리슨 박사와 함께 2018년 노벨상을 받았다.

1990년대 초 기초과학자의 연구 결과로 20년간 암과의 전쟁을 벌이며 싸워 2010년대 초 암 환자들이 가진 완치라는 희망을 현실로 바꾸어 줄 새로운 패러다임을 연 것이다. 한편 2019년 키트루다 매출이 110억 달러, 옵디보는 80억 달러를 기록했다. PD-1 단일 표적으로 자동차 수백만 대를 수출하는 것과 맞먹는 수익을 올린다고 보아야 한다. 과학은 이런 점에서 기대치 못한 사회적 카타르시스도 일어나게 한다. 투자사들은 시장 점유 예측 분석을 요구하는데, 현재의 시점에서 미래 산업 규모를 분석하고 예측하는 것은 1990년대에 혼조 박사에게 2010년과 2020년의 면역항암제 시장을 예측해 보라고 요구하는 것과 같은 이야기인 것이다. 글리벡이나 면역 항암제에서 보여준 것처럼 패러다임이 만들어지고, 전투에서 새로운 방식으로 암을 이긴다면, 그 개척자야말로 새로운 시장을 주도적으로 만들어 가는 것과 같다. 투자자들이 가져야 할 안목이 바로 이런 것이다.

종양 면역 치료제 혹은 면역관문 치료제 시장은 2019년 BMS, Merck, Roche 3개 회사가 각각 28%, 22%, 21%로 총 71%의 시장을 점유하고 있다[5]. 그리고 나머지 시장을 차지하기 위해 504개의 표적에 대해 4,720여 제약사 벤처 등이 임상시험을 진행하고 있다[6].

최근 키메라 항원 수용체-T 세포(CAR-T)가 미국 식약처의 승인을 받으며 임상시험이 속속 진행 중이다. CAR-T 면역요법은 암세포를 보다 효과적으로 표적화하고 파괴하기 위해 암세포를 인식하도록 T 세포를 변형시키는 것이다. 과학자들이 환자로부터 T 세포를 채취하고, 암세포를 특이적으로 인식하는 키메라 항원 수용체(CAR)를 추가하도록 유전적으로 T 세포를 변형시킨 다음, 생성된 CAR-T 세포를 배양한 후 환자에게 주입해 종양을 공격하도록 하는 전략이다. 이 전략의 가능성은 항체의 일부와 T 세포 수용체를 포함하는 최초의 키메라 수용체 개념은 1987년 요시가즈 쿠와나Yoshikazu Kuwana 박사에 의해 소개되었다. 1991년 아서 와이즈Arthur Weiss 박사는 CD3 제타CD3ζ 세포 내 신호전달 도메인을 포함하는 키메라 수용체가 T 세포 신호전달을 활성화하는 것을 보여주었다. 이후 세포 내 신호 전달 도메인으로 CD3ζ 이외에 CD28과 41BB가 추가되는 3세대 CAR가 제작되었다. 2010년대 초 NCI, 펜실베이니아대학 및 MSKCC 암연구소에서 B 세포 백혈병 및 림프종에서 발현되는 단백질인 CD19를 표적으로 하는 CAR을 사용한 CAR-T 세포 요법의 임상 시험을 입증했으며, 사전 치료를 많이 받은 많은 환자에서 완전 관해를 보였다. 2017년 CAR-Tchimeric antigen receptor T cell 세포치료제

tisagenlecleucel(Kymriah, 노바티스 제약사)가 B 세포 급성 림프구성 백혈병B-cell acute lymphoblastic leukemia 미국 식약처의 허가를 받는다. 2019년 기준으로 CAR-T 세포와 관련해 전 세계적으로 약 300여 건의 임상시험이 진행 중이다. 이러한 시험은 대부분 혈액암을 대상으로 한다. CAR-T 요법은 좋은 완치율에 힘입어 혈액 악성 종양에 대한 모든 시험의 절반 이상을 차지하고 있다. 혈액암, 흑색종 전선에서 승전보를 올리는 가운데, 다른 고형암들과 싸우는 전선의 지휘관들도 새로운 무기를 사용해 전투에서 이겨보려고 안간힘을 쓰고 있다.

미래의 전략과 기쁜 소식

신약 개발은 학문적 이념의 사회적 구현이 아니고, 수요가 있는 질환에 효과가 좋은 약을 공급하는 것이다. 그래서 원인을 치료할 수도 있지만, 생리적 현상을 치유할 수 있는 것도 신약이다. 우리에게 익숙한 감기약은 감기 원인을 제거하는 것이 아니라 감기 증상을 제어하거나 예방 백신으로 면역을 보완하는 것이다. 종양학은 원인을 연구하는 학문이 아니고 죽어가는 환자를 살리는 의학이다. 다시 말하면, 암이 완치되는 약물이 나오면 더는 연구할 필요가 없는 과학이다. 누군가는 불가능에 가까우니 종양 연구는 오래 할 수 있으리라 생각하겠지만, 꼭 그렇지도 않다. 우리가 과거 100년의 역사를 돌아보면 알듯이 상당히 많은 암종이 치료되어 정복되어 가는 것을 볼 수 있다. 암이 완치될 수 없다고 되뇌는 과학자들에게는 안타까운 일이지만, 나는 그런 날이 갑자기 올 것으로 예측한다. 과학의 발전은 점진적으로 이루어지기보다는 갑자기 격변하며 이루어진다[1]. 이러한 패러다임은 어느 날 갑자기 일상적인 현상을 변칙적 이론 anomaly으로 해석하는 순간 벌어진다. 실제로 그런 일이 최근에 벌어지며 불치의 병으로 알려졌던 질병이 정복되었다. HIV 감염에 의한 AIDS 질병이 완치된 것이다. 바이러스 공격이 성공했을까? 아니다. 바이러스의 도킹을 막아서 완치되었다. 어떻게 그런 일이 벌어졌을까? 유전자 지도를 만들고, 바이러스 표적 억제제를 만들고, 바이러스 항체를 만드는 전략을 세워서도 아니다. 그것은 소수의 고위험 집단 중(HIV가 창궐한 지역) 질병의 저항성 또는 지연된 발달을 보이는 사람에 대한 관찰에서 시작되었다. "왜 이 사람은 HIV-1 감염에 대해 거의 완전한 저항을 초래하는가?" 이 질문이 패러다임 브레이킹 질문이었고, 결국 새로운 패러다임을 만드는 질문이 된다. 그래서 HIV 저항성이 있는 사람의 유전자 조사를 실시했고, CCR5 수용체를 코딩하는 유전자에 돌연변이(CCR5-Δ32)가 있는 것으로 밝혀졌으며, 1996년 과학자들은 세포 표면 수용체인 CCR5 및 CXCR4의 핵심 역할이 HIV의 공동 수용체라는 것을 발견했다. CCR5 없이는 HIV 바이러스가 면역세포로 들어가지 못하는 것이다. 2003년 런던의 AIDS 환자 한 사람이 항바이러스치료를 하다가 재발이 되어서, 2016년 CCR5 돌연변이를 포함한 골수 줄기세포를 이식하였다. 그리고 2020년 검사해 본 결과 HIV가 흔적도 없이 완치되었음을 알 수 있었다[2]. AIDS는 간단히 정복된 것이다. 지금은 CCR5 억제 항체 또는 화합물

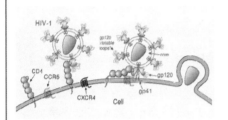

AIDS (Acquired Immune Deficiency Syndrome)는
Human Immunodeficiency virus(HIV)에 감염되어 생기는 병

LONDON Patient

2003 AIDS 진단
~ anti~vivral 치료 시작
2016 상태 악화로 DCCR5 stem cell transplant
2021 현재까지 HIV free 정상

HIV-1

gp120
variable
loops

CD4
CCR5

CXCR4   Cell   gp41   gp120

HIV 침입하면 면역세포 표면에 있는 CD4 receptor에 붙고,
CCR5 또는 CXCR4 receptor를 이용해서 면역세포 안으로
들어가 증식함. 2019년 CCR5 없앤 stem cell을 이식해 주어서
AIDS 환자를 완치하는 데 성공.

The New York Times

**H.I.V. Is Reported Cured in a
Second Patient, a Milestone
in the Global AIDS Epidemic**

Scientists have long tried to duplicate the procedure
that led to the first long-term remission 12 years ago.
With the so-called London patient, they seem to have
succeeded.

2019년 3월 4일 뉴욕타임스

[그림 9] 2019 AIDS 정복 선언

치료 방법이 없던 후천성면역결핍증(AIDS) 완치함. 1980년대부터 죽음의 공포에 몰아 넣었던 HIV 바이러스에 의한 인체 감염이 완치됨. 그것은 HIV가 창궐한 지역에서 병에 감염되지 않는 사람의 유전자를 조사해 본 결과 CCR5 결핍이라는 사실에 주목함. 그리고 AIDS 환자에 CCR5 유전자가 없는 골수 줄기세포를 이식해 환자의 혈중에서 바이러스를 전혀 발견하지 못해 2019년 완치를 선언함. 우리가 끊임없이 암 치료법을 찾다 보면, 암도 어느 날 갑자기 완치 가능한 치료법이 등장하며 새로운 패러다임으로 끝날 것. (http://en.wikipedia.org/wiki/CCR5_receptor_antagonist)

개발에 많은 진전이 있다.

대한민국에는 분자생물학과 세포신호전달로 학위를 외국에서 받거나 연수를 다녀온 분들이 실제 학문 활동 영역의 대다수를 차지한다. 이분들 모두 학문적으로 뛰어나고 전문성이 깊은 것을 당연히 존경한다. 하지만 외국에서 보고 배워 온 것은 외국 스승들이 숲을 걸어가는 뒷모습을 보고 따라 걸어가는 것을 배워 온 것들이며, 그들이 무슨 생각으로 어떤 길을 가는지는 배우지 못한 경우도 많다. 흔히 한 가지 주제를 오래 꾸준히 연구하다 보면 개혁의 기회가 온다는 학문의 견해를 가진 분들이 많다. 이것은 전통적 아리스토텔레스와 헤겔로 이어지는 변증법적 학문의 발전관을 토대로 하는 것이다. 실제로 패러다임이 변화하고 난 후에 새로운 이론을 적용해 문명을 발전시키는 작업이 이에 해당한다. 그러나 천동설을 지동설로 만들 만큼, 종양학의 돌연변이를 공략하다가 면역세포를 조절하는 방향으로 치료법을 바꾸는 패러다임의 변화는 점진적인 과학 사고의 개선으로는 이루어질 수 없다. 패러다임을 바꿀 힘은 끊임없이 스스로 던지는 질문 즉, 과학적 이론 가운데에 철학이 있어야 한다. 숲이 어떤 모습인지 가설을 세우고 어떤 길로 가야 정상으로 가는지 판단하는 이론과 철학을 함께 가져야 새로운 패러다임을 열 수 있기 때문이다. 우리가 개발하는 혁신신약 표적이 있는데, "내가 새로운 표적으로 약을 개발한다"고하면 다들 뭐라고 할까? 처음 질문이 "미국 사람도 그 표적을 연구합니까?"일 것이다. "아닙니다. 한국 사람이 찾은 표적이라서 모릅니다" 하면 뭐라고 할까? "그럼 왜 미국 사람은 그 표적을 모릅니까?"라고 의심하지 절대로 "그거 훌륭하군요. 우리가 먼저 개발해 볼까요?"라고 하는 사람이 아직 없다. 외국의 패러다임 변화를 이끈 많은 경우를 보면 "그래요? 해 봅시다" 하는 사람들이 적지만 그래도 있다는 것을 보여준다. 그래서 학파가 나뉘고 경쟁하고 합쳐지고 한다. 그 이유는 패러다임을 바꾸는 사람들이 학교와 마켓을 장악하는 권한을 갖기 때문이다. 우리는 아직 그런 경험이 없다. 왜냐하면 아직 과학 분야에서 노벨상을 받은 이가 없다는 것이 객관적인 사실이다. 이제는 우리도 우리 나름대로 가설을 세우고 이론을 이끌고 가는 철학을 가진 과학자들이 나오도록 육성해야 한다. 국가와 사회가 그런 과학자들에 관심을 가지는 시대적 가치 즉, 문화가 이루어져야 문명이 발전할 수 있다. 알려진 지식을 재생산하는 것만으로 안전하고 편안하게 직장이 보장받고, 혁신적인 발상이 외면당하고, 성공하더라도 평등하게 성과를 나누는 문명은 패러다임을 바꿀 이유가 없는 문명이다. 과학계에서 내일도 오늘과 같을 것이라는 패러다임을 가지고 산다면, 새로운 패러다임 침략에 무기 없이 맨몸으로 나가 싸우는 것과 같다. 종양학의 발전은 패러다임 변화로 이루어지는 것이지 기존의 과학과 타협하며 서서히 이루어지는 것이 아니기 때문이다. 나는 종양학에 있어서는 기존의 아리스토텔레스의 대화법이나 헤겔의 변증법적 정-반-합의 발전에서 벗어나, 토머스 쿤 박사의 패러다임 변화로 점프해야 한다고 생각한다[1].

암도 언젠가 반드시 다 정복된다. 우리가 암 치료를 위한 전쟁의 역사에서 지켜보았듯이, 성공하는 새로운 암 치료법에는 기본적인 원칙들이 있다. **첫째는 혁신 신약이어야 한다.** 그것은 암 치료법에 있어서 기존의 치료법이 아닌 패러다임 전환을 기초로 하는 개념의 치료법으로 만들어야만 생존율이 획기적으로 높아지고, 그래야 수요도 확보한다. **둘째는 조합 치료법이다.** 다양한 돌연변이를 계속

- 신약 개발의 핵심은 새로운 패러다임 기반의 신약으로 최적의 적용 대상인 암종을 찾는 것이지, 호발암 대상으로 새로운 물질을 찾는 마케팅 전략이 아니다. 신약은 효능이 뛰어나면 새로운 마켓이 형성된다.
- 지난 100년간 암과의 전쟁을 통해 항암제 개발 성공의 공통 원칙 발견
  1) 신약은 반드시 새로운 패러다임을 기반으로 제안 되어야 함(혁신 신약)
  2) 신약은 반드시 1차 치료제와 뛰어난 병용 효과가 나와야 함(조합 치료)
  3) 신약은 반드시 탁월한 효능을 내는 최적 암종을 선택해야 함(최적 적응증)
- 암은 생리적 특이 현상을 공격해야 한다. 그 이유는 암의 발생은 단일 원인에 의한 귀납적 성질이 없으며(heterogeneous), 일단 암은 발생하면 살아남기 위해 어떠한 제제에도 이를 피해 가기 위한 가소성(plasticity)을 잘 활용하기 때문이다.
- 항암제는 돌연변이 원인 제어에서 암 특이적 현상 제어로 치료의 표적을 돌리기 시작했다. 그래서 종양 면역 억제제가 새 패러다임이 되었다(2018).
- 암은 정복된다. 그 이유는 암 현상도 생명의 본질이 아닌 비정상적인 생리현상일 뿐이기 때문이다.

[그림 10] 블록버스터 항암제 개발 원칙(Rules of Blockbuster)

생산하는 암세포는 매우 유연한 생리적 특성plasticity을 가지므로 그 유연성을 막기 위한 조합법이 필요하다. 그리고 **셋째는 약물의 적응증을 잘 찾아내야 한다는 것이다.** 한 가지 치료 방법이 모든 암에 효과적이지 않다는 것은 모두가 인지하고 있는 사실이다. 어떤 치료 무기든 그 무기에 취약한 암종이 있다. 그래서 가장 좋은 결과가 나올 암종을 찾아내는 임상 설계야말로 결정적으로 중요한 기술이다. 이 세 가지를 합친다면, 임상 2상에서 신약 개발이 실패하는 이유는 약물 자체의 문제가 아니라 임상 설계의 문제인 경우가 대부분이다. 거꾸로 약물이 별로 중요해 보이지 않더라도 임상 설계를 잘만 하면 좋은 약이 될 수도 있다. 예를 들어 이미 물질 특허가 해제된 탁솔에 알부민을 결합해 만든 아브락산Abraxane(BMS 제약사)이라는 항암제는 2005년

전이성 췌장암 용도로 FDA 승인을 획득하고 현재 매년 20억 달러 이상 매출을 올리고 있다. 알다시피 탁솔의 주 치료 대상 암종은 난소암과 유방암이다. 그런데 아브락산이 췌장암에서 탁월한 효과를 보인 것이다. 즉, 새로운 물질의 특허도 중요하지만, 기존에 허가된 약을 사용해 항암제 효능이 뛰어난 암종을 찾아내는 좋은 임상을 설계한다면, 그 암종의 수요는 기존에 없던 시장을 형성하고 개발자에게 일정 기간 제조 판매 독점권한을 부여한다. 어떻게 공개된 물질이 제조 및 판매 독점이 되는지 궁금할 것이다. 그것은 공개된 물질이라도 다른 용도로 사용하려면 의사가 처방해 주어야 하는데, 처방은 식약처에서 허가해야만 가능하다. 허가의 근거는 임상시험 결과 자료인데, 제출한 자료는 일정 기간 공개하지 않는다. 희귀 질환인 경우 한국은 10년간, 미국은 7년간 공개하지 않는다. 따라서 개발한 회사 말고 다른 회사가 동일한 약물에 제조 판매를 하고자 한다면, 임상시험을 또 해야 하는 진입 장벽이 생긴다. 항암 신약은 좋은 효과가 알려지면 블록버스터가 된다. 그 이유는 암 환자는 목숨을 걸고 생명의 전선에서 암과 싸우기 때문이다. 환자들에게 암의 발생 이론이나 치료법의 전술적 타당성은 전혀 중요하지 않다. 기존보다 효과가 좋은 무기가 나오면 묻지도 않고 사용한다. 우리는 얼마 전에 개 구충제의 항암 효능에 대한 뉴스가 불러일으킨 암 환자들의 사회적 혼란을 경험하지 않았는가? 이러한 암 환자의 생존 의지는 암 치료의 새로운 치료법을 통한 패러다임 변화를 견인하는 원동력이다.

가장 간과하는 부분이 이 부분이다. 신약은 **효능**이 뛰어나면 신시장이 형성된다. 신약 개발의 핵심은 새로운 패러다임 기반의 신약으로 최적의 적용대상인 암종을 찾는 것이지, 호발암 대상으로 새로운 물질을 찾는 마케팅 전략이 아니다.

그런데 우리 사회는 아직도 신약 개발이 선진국에서 벌여 놓은 패러다임 속에서 점진적 발전을 목표로 투자에 우선한다. 왜 그럴까? 그것은 우리 사회는 아직 패러다임을 바꾸는 신약 개발을 경험해 보지 못했고, 그에 따르는 고위험 투자로 경이적인 수익을 보지 못했기 때문이다. 사업 책임자가 "임상시험 하다가 거액을 들이고 실패하면 어떻게 하지?"를 걱정한다. 모든 시험이 다 실패를 극복하느라 시간이 오래 걸리고 비용이 많이 들어 신약이 비싼 것이다. 그런데 우리는 실패를 극복할 비용이 새로 발생한다는 것에 비판적이며, 실패를 극복할 합성 제제 연구에 국가적 인프라가 절대적으로 부족하다. 그러니 국가 주도든 민간 주도든 모든 사업의 성과 목표를 기술 이전 이라는 안전장치에 이용하고 있다. 패러다임을 바꿀 만한 새로운 기술을 개발하기 전에는 특허를 기술 이전해도 헐값임을 알면서도, 그런 사업에 주로 투자한다. **우리도 이제 신약 개발에서 기술 이전 목표를 지양하고, 선진국처럼 패러다임을 바꾸는 아이디어 연구부터 환자에 제공하는 약물이 나오는 임상시험 개발까지 투자하는 다양한 투자 정책이 필요하다.**

사람들은 미래를 묻는다. 그런데 내가 어떻게 예측할 수 있겠는가? 10년 전 돌연변이와 전혀 무관한 면역으로 종양을 치료하는 세상이 올 것을 얘기했다면 누가 나더러 제정신이냐고 했겠는가? 우리의 미래를 바꿀 단서는 질문이다. 과학자들이 던지는 질문들, 그리고 제안하는 답을 관심 있게 들여다보라. 암 환자들이 사망한 공통 원인을 찾는 것보다 암 환자 중에 살아난 환자는 무엇이 다른지 질문을 던지는 것이 현명하지 않을까? 암과의 전쟁을 이기려면 종양 연구의 변칙 anomaly 이론자들에 투자하고 싸움을 지원해야 할 것이다. 그리고 MD와 PhD 간에 협업을 잘 활용해 이끌어 나가야 한다. 두 그룹 모두 연구비라는 전술적 목표로 서로 경쟁만 할 뿐, 협력이 안 되는 사회라면 암과의 전쟁에서 승리는 요원한 얘기다. 그러나 두 그룹이 암을 정복한다는 전략적 가치를 공유하고, 전술적으로 각자의 장점을 이용한다면 우리의 적인 암을 꼼짝 못 하게 잡아 버릴 수 있다. PhD는 암을 치료할 새로운 치료법 패러다임 브레이킹 연구를 해야 하고, MD는 이 패러다임에서 나온 치료 전술을 이용해 가장 효과적으로 반응할 암을 찾아내어 임상에 적용해야 한다. 또한 암 전문 연구병원에서 기존의 패러다임의 지식 재생산이나, 기존의 전술과 무기로 암 환자에 계속 적용하려는 것은 첨단 무기로 중무장을 하고 아파치 헬기를 타고 후방 동네 행정복지센터에 민원 처리하러 가는 것과 다름없다. **암 전문 연구병원은 무섭게 암을 몰아쳐 싸움에서 이기려는 사기가 충천해야 하며, 새로운 전략과 전술을 만들어 내는 지휘관들에게 지원을 아끼지 말아야 한다.** 암 전문 연구병원은 암과의 전쟁에 있어 최전선이고, 각 지휘관은 최전선이 뚫리면 후방도 없다는 각오로 책임감과 소명의식을 지니고 분발해야 하며, 기관은 "암 정복"의 목표를 가지고 "필승"의 기개로 싸워야 한다.

산을 오를 때는 정상도 출발점도 보이지 않는다. 그저 나무만 보인다. 그나마 길이 있으면 열심히 오르면 되지만, 어느덧 사람의 왕래 흔적이 보이지 않고 사방이 숲은 곳에 다다르면 능선을 바라보며 등반 가능한 땅을 찾아 올라간다. 그러다 능선에 다다르면 그때는 출발점과 올라온 길이 보이고 정상이 보인다. 드디어 숲이 보이는 것이다. 암 치료제의 개발 역사를 돌아보고 이 책을 맺으며 느끼는 감정은 딱 능선에 도달한 느낌이다. 올라온 길도 보이고, 가야 할 정상도 보이며, 그토록 애써 올라온 숲의 모양이 보이는 것이다. 정상이 가까이 보인다. 대한민국은 과학 연구 및 의료 개발 지원 모두 국가가 떠안고 있어서 지속적이고 효율적인 싸움을 하기가 어렵다. 암과 싸워 이기려면 다양한 전략이 필요하고 다양한 전술이 필요하다. 우리나라도 민간 주도의 암 전문 연구기관이 절실히 필요하다. 우리나라에도 다나-파버 암 연구소나, MSKCC 암 연구소나, MD Anderson 암 연구소 같은 암 연구 전투 기지가 설립되었으면 하고 간절하게 바란다. 누군가 암 정복이 가능하냐고 묻는다면 나는 "가능하다"라고 답할 것이다. 이어 "어떻게 가능하냐"고 묻는다면, **"암도 변칙적인 생리현상일 뿐이며, 공통적이고 보편적인 취약점이 있다는 것을 알았기 때문이다"**고 답할 것이다. 이제 곧 돌격대의 최종 고지를 향한 공격이 시작되고, 대규모 연합군의 공격이 이어질 것이다. 기쁜 소식을 기대하시라.

| 참고 자료 |

서론 암과의 전쟁 속으로

[1] National Cancer Act of 1971. Available from:
https://www.cancer.gov/about-nci/overview/history/national-cancer
-act-1971

[2] 2019년 국립암센터 통계

[3] 1992년 국방부 발표

[4] 2019년 미국암연구소 통계

[5] Cancer was 10 times more prevalent in medieval Britain than thought, University of Cambridge study finds. Available from:
https://www.cambridgeindependent.co.uk/news/cancer-was-10-times
-more-prevalent-in-medieval-britain-than-9197762

[6] Radhakrishnan R. Survival Rate for Acute Lymphoblastic Leukemia. 2020 Oct 23. Available from:
https://www.medicinenet.com/survival_rate_for_acute_lymphoblastic
_leukemia/article.htm

[7] Appropriations History by Institute/Center (1938 to Present), Available from: https://officeofbudget.od.nih.gov/approp_hist.html
(그래프: NCI congressional appropriations. Available from: https://es.wi kipedia.org/wiki/Archivo:NCI.png)

1장 암이란 무엇인가?

[1] what is cancer. Available from:
https://www.cancer.gov/about-cancer/understanding/what-is-cancer
#definition

[2] Nowell PC. The clonal evolution of tumor cell populations. *Science* 1976 Oct 1;194(4260):23-8.

[3] Vogelstein B, Kinzler KW. The multistep nature of cancer. *Trends Genet.* 1993 Apr;9(4):138-41.

2장 화학치료 그룹의 탄생 (항암제 개발 시작 첫 전선, 1900 ~ 현재)

1. 화학치료 그룹 I (1900~1950)

[1] Strebhardt K, Ullrich A. Paul Ehrlich's magic bullet concept: 100 years of progress. *Nat Rev Cancer.* 2008 Jun;8(6):473-80.

[2] Curtis J, From the field of battle, an early strike at cancer. Yale Medicin
e. 2005 Summer.
Available from: https://medicine.yale.edu/news/yale-medicine-magazine/
from-the-field-of-battle-an-early-strike

[3] Mitchell HK, Snell EE, William RJ. THE CONCENTRATION OF "FOLIC
ACID". *J Amer Chem Soc.* 1941(63), 2284

[4] AMILL LA, WRIGHT M. Synthetic folic acid therapy in pernicious anemi
a, *J Amer Med Assoc,* 1946 Aug 10;131(15):1201-7.

[5] 암: 만병의 황제의 역사. 싯다르타 무케르지. 까치. 2011

[6] Yellapragada Subbarow. Wikipedia.
Available from: https://en.wikipedia.org/wiki/Yellapragada_Subbarow
#cite_note-4

[7] Sawaya MR, Kraut J. Loop and subdomain movements in the mechanism
of Escherichia coli dihydrofolate reductase: crystallographic evidence.
Biochemistry 1997 Jan 21;36(3):586-603.

[8] Lilly Announces Webcast to Discuss ESMO 2020 Presentations, Eli Lilly
and Company. September 10, 2020. (Eli-Lilly-Lly-presents-esmo-virtu
al-congress-2020)

2. 화학치료 그룹 II (1950~1970) - 조합 치료와 비임상시험의 탄생

[1] Skipper HE, Schabel FM Jr, Bell M, Thomson Jr, Johnson S. On the
curability of experimental neoplasms. I. Amethopterin and mouse leuke
mias. *Cancer Res.* 1957 Aug;17(7):717-26.

[2] Drugs in the VAMP combination. National Cancer Institute.
Available from: https://www.cancer.gov/about-cancer/treatment/drugs/vamp

[3] 암: 만병의 황제의 역사. 싯다르타 무케르지. 까치. 2011

[4] National Cancer Institute. NCI-60 Human Tumor Cell Lines Screen.
Available from: https://dtp.cancer.gov/discovery_development/nci-60

[5] Cancer Chemotherapy Market Value Anticipated To Reach US$ 74.3 Billio
n By 2027. Acumen Research and Consulting Feb 8, 2021 12:56 ET
Available from: https://www.globenewswire.com/en/news-release/202
1/02/08/2171622/0/en/Cancer-Chemotherapy-Market-Value-Anticip
ated-To-Reach-US-74-3-Billion-By-2027-Acumen-Research-and-Co
nsulting.html

3. 화학치료 그룹 III (1971~현재)

[1] Paclitaxel. Wikipedia.
Available from: https://en.wikipedia.org/wiki/Paclitaxel#cite_note-49

[2] Protein-bound paclitaxel. Wikipedia. Available from: https://en.wikipe

dia.org/wiki/Protein-bound_paclitaxel#cite_note-orphanet_2013-5

4. 항암제 개발의 두 사단 (1971~현재)

[1] Carl Voegtlin. Wikipedia.
Available from: https://fr.wikipedia.org/wiki/Carl_Voegtlin
[2] Advocates and Allies: The Pioneers of Progress. National Cancer Institut
e. Available from: https://www.cancer.gov/news-events/nca50/stories/
cancer-research-advocacy
[3] Lasker foundation. laskerfoundation. Available from: https://laskerfounda
tion.org
[4] Dana-Farber foundation. Dane-Farber Cancer Institute. Available from:
https://www.dana-farber.org
[5] World's Best Specialized Hospitals 2021, Newsweek. Available from:
https://www.newsweek.com/worlds-best-specialized-hospitals-2021/
oncology
[6] [5]와 동일.
[7] The National Science Foundation: A Brief History. National Science
Foundation. Available from: https://www.nsf.gov/about/history/nsf50/
nsf8816.jsp#chapter3
[8] Vannevar Bush. Wikipedia.
Available from: https://en.wikipedia.org/wiki/Vannevar_Bush
[9] Vannevar Bush. Atomic Heritage Foundation.
Available from: https://www.atomicheritage.org/profile/vannevar-bush

3장   바이러스 그룹 (항암제 개발 초기 두 번째 전선, 1910 ~ 현재)

[1] Peyton Rous, Biographical. The Nobel Prize.
Available from: https://www.nobelprize.org/prizes/medicine/1966/rou
s/biographical
[2] Epstein–Barr virus. Wikipedia. Available from: https://en.wikipedia.org
/wiki/Epstein%E2%80%93Barr_virus#cite_note-pmid6261650-60
[3] Schiller JT, Lowy DR. An Introduction to Virus Infections and Human
Cancer. *Recent Result Cancer Res*. 2021:217:1-11.
[4] Murphree AL, Benedict WF. Retinoblastoma: Clues to Human Oncogenesis.
Science. 1984 Mar 9;223(4640):1028-33. doi: 10.1126/science.6320372.

4장 유전체 그룹 (바이러스 그룹에서 발전한 분석 그룹, 2000년 ~ 현재)

[1] Hershey AD, Martha C. INDEPENDENT FUNCTIONS OF VIRAL PROTEI
N AND NUCLEIC ACID IN GROWTH OF BACTERIOPHAGE, *J Gen Physi
ol.* 1952 May;36(1):39-56.
[2] Marshall Warren Nirenberg. *Nature*, 2020;464(7285):44. (obituary)
[3] Kary B. Mullis, Facts. The Nobel Prize.
Available from: https://www.nobelprize.org/prizes/chemistry/1993/m
ullis/facts
[4] The Nobel Prize in Chemistry 1997. The Nobel Prize.
Available from: https://www.nobelprize.org/prizes/chemistry/1997/summary

5장 분자생물학 그룹
(바이러스 그룹에서 발전한 항암제 개발 세 번째 전선, 1971 ~ 현재)

[1] Stanley Cohen, facts. The Nobel Prize. Available from: https://www.nob
elprize.org/prizes/medicine/1986/cohen/facts.
[2] The Nobel Prize in Physiology or Medicine 1992. The Nobel Prize.
Available from: https://www.nobelprize.org/prizes/medicine/1992/su
mmary
[3] Coussens L, Yang-Feng TL, Liao YC, Chen E, Gray A, McGrath J, Seeburg
PH, Libermann TA, Schlessinger J, Francke U, et al. Tyrosine kinase
receptor with extensive homology to EGF receptor shares chromosomal
location with neu oncogene. *Science.* 1985 Dec 6;230(4730):1132-9.
[4] Bose R, Kavuri SM, Searleman AC, Shen W, Shen D, Koboldt DC, Monsey
J, Goel N, Aronson AB, Li S, Ma CX, Ding L, Mardis ER, Ellis MJ. Activatin
g HER2 mutations in HER2 gene amplification negative breast cancer.
Cancer Discov. 2013 Feb;3(2):224-37.
[5] Wang SE, Narasanna A, Perez-Torres M, Xiang B, Wu FY, Yang S, Carpe
nter G, Gazdar AF, Muthuswamy SK, Arteaga CL. HER2 kinase domain
mutation results in constitutive phosphorylation and activation of HER2
and EGFR and resistance to EGFR tyrosine kinase inhibitors. *Cancer
Cell.* 2006 Jul;10(1):25-38.
[6] Connell CM, Doherty GJ. Activating HER2 mutations as emerging targets
in multiple solid cancers. *ESMO Open.* 2017;2(5):e000279.
[7] Sawyers CL. Herceptin: A First Assault on Oncogenes that Launched
a Revolution. *Cell.* 2019 Sep 19;179(1):8-12.
[8] Boulianne GL, Hozumi N, Shulman MJ. Production of functional chimae
ric mouse/human antibody. *Nature.* 1984 Dec 13-19;312(5995):643-6.

[9] Williams CL. H. Michael Shepard, Dennis J. Slamon, and Axel Ullrich honored with the 2019 Lasker~DeBakey Clinical Medical Research Awa rd. *J Clin Invest.* 2019 Oct 1;129(10):3963-3965.

[10] Team PharmaCompass. Top drugs and pharmaceutical companies of 2019 by revenues. Pharma Excipients. Available from: https://www.ph armacompass.com/radio-compass-blog/top-drugs-and-pharmaceuti cal-companies-of-2019-by-revenues

[11] Thompson CB. Attacking cancer at its root. *Cell.* 2009 Sep 18;138(6):1051-4.

[12] Imatinib. Wikipedia. Available from: https://en.wikipedia.org/wiki/Im atinib

[13] CML Experts. The price of drugs for chronic myeloid leukemia (CML) is a reflection of the unsustainable prices of cancer drugs: from the perspective of a large group of CML experts. *Blood.* 2013 May 30;121(2 2):4439-42.

[14] Kroemer G, Levine B. Autophagic cell death: the story of a misnomer. *Nat Rev Mol Cell Biol.* 2008;Dec 9:1004-1010.

6장 생화학 그룹 (화학 그룹에서 발전한 항암제 개발 네 번째 전선, 2008 ~ 현재)

[1] Langen P, Hucho F. Karl Lohmann and the discovery of ATP. *Angew Chem Int Ed Engl.* 2008;47(10):1824-7.

[2] Warburg O, Posener K , Negelein E. Über den stoffwechsel der carcinom zelle. *Biochemische Zeitschrift*, 1924;152:319-344. Reprinted in English in the book on metabolism of tumors by O. Warburg, Publisher: Consta ble, London, 1930.

[3] Sonveaux P, Végran F, Schroeder T, Wergin MC, Verrax J, Rabbani ZN, De Saedeleer CJ, Kennedy KM, Diepart C, Jordan BF, Kelley MJ, Gallez B, Wahl ML, Feron O, Dewhirst MW. Targeting lactate-fueled respiration selectively kills hypoxic tumor cells in mice. *J. Clin. Invest.* 2008 Dec;118(12):3930-42.

[4] Jiralerspong S, Palla SL, Giordano SH, Meric-Bernstam F, Liedtke C, Barnett CM, Hsu L, Hung MC, Hortobagyi GN, Gonzalez-Angulo AM. Metformin and pathologic complete responses to neoadjuvant chemoth erapy in diabetic patients with breast cancer. *J Clin Oncol.* 2009 Jul 10;27(20):3297-302.

[5] Brand RA. Biographical Sketch: Otto Heinrich Warburg, PhD, MD, *Clin Orthop Relat Res.* 2010 Nov;468(11):2831-2.

[6] Lee JS, Oh SJ, Choi HJ, Kang JH, Lee SH, Ha JS, Woo SM, Jang H, Lee H, Kim SY. ATP Production Relies on Fatty Acid Oxidation Rather than

Glycolysis in Pancreatic Ductal Adenocarcinoma. *Cancers.* 2020 Sep 1;12(9):2477.

7장 종양면역 그룹
(분자생물학 그룹에서 발전한 항암제 개발 다섯 번째 전선, 1994~ 현재)

[1] Kucerova P, Cervinkova M. Spontaneous regression of tumour and the role of microbial infection--possibilities for cancer treatment. *Anticanc er Drugs.* 2016 Apr;27(4):269-77.
[2] James P. Allison, Biographical. The Nobel Prize.
Available from: https://www.nobelprize.org/prizes/medicine/2018/alli son/biographical
[3] Tasuku Honjo, Facts. The Nobel Prize.
Available from: https://www.nobelprize.org/prizes/medicine/2018/ho njo/facts
[4] Fox M. Here's a Look at Keytruda, the Drug Jimmy Carter Says Made His Tumors Vanish. Available from: https://www.nbcnews.com/health/ cancer/heres-look-keytruda-drug-jimmy-carter-says-made-his-tumor s-n475561
[5] Global Immuno-Oncology Market 2021 Growth Opportunities, Market Shares, Future Estimations and Key Countries by 2027. Marketwatch.
Available from: https://www.marketwatch.com/press-release/global-i mmuno-oncology-market-2021-growth-opportunities-market-shares -future-estimations-and-key-countries-by-2027-2021-10-04
[6] Upadhaya S, Yu JX, Oliva C, Hooton M, Hodge J, Hubbard-Lucey VM. Nature Reviews Drug Discovery; 2020 May 18; Landscape of Immuno-O ncology Drug Development. Available from: https://www.cancerresear ch.org/en-us/scientists/immuno-oncology-landscape

맺음말   미래의 전략과 기쁜 소식

[1] Kuhn T. The Structure of Scientific Revolutions. 1962
[2] Gupta RK, Peppa D, Hill AL, Gálvez C, Salgado M, Pace M, McCoy LE, Griffith SA, Thornhill J, Alrubayyi A, Huyveneers LEP, Nastouli E, Grant P, Edwards SG, Innes AJ, Frater J, Nijhuis M, Wensing AMJ, Martinez-Pica do J, Olavarria E. Evidence for HIV-1 cure after CCR5Δ32/Δ32 allogenei c haemopoietic stem-cell transplantation 30 months post analytical treat ment interruption: a case report. *Lancet HIV.* 2020 May;7(5):e340-e347.